Premiere Pro 2023 视频编辑案例课堂

崔宁　丁卫东　褚建萍　编著

清华大学出版社

北　京

内 容 简 介

Premiere Pro 2023是Adobe公司推出的一款非常优秀的视频编辑软件，它以编辑方式简便实用、支持的素材格式广泛等优势，受到了众多视频编辑工作者和爱好者的青睐。

本书通过150个具体实例，阐述了如何使用Premiere Pro 2023制作高品质的影视作品。读者如果能对这些实例举一反三，便能够掌握影视动画制作与编辑的精髓。

本书按照软件功能及实际应用进行结构划分，各章的实例在编排上循序渐进，其中既有基础的实例，又有综合创新的实例。本书的特点是把Premiere Pro 2023的知识点融入到实例中，读者可以从实例中学到视频剪辑基础、视频特效、视频过渡效果、字幕制作技巧、影视照片处理技巧、影视调色技巧、影视特效编辑、常用影视动画制作，以及相机广告片头、简约多彩倒计时动画、足球节目预告动画、酒驾公益短片、婚礼片头、感恩父母短片、城市宣传片等不同类型影视动画片头的制作方法。

本书内容丰富，语言通俗易懂，结构清晰明了。既可以作为从事多媒体设计、影视编辑从业人员的参考资料，也可以作为大中专院校相关专业和相关计算机培训班的上机指导教材。

图书在版编目（CIP）数据

Premiere Pro 2023视频编辑案例课堂 / 崔宁，丁卫东，褚建萍编著. — 北京：清华大学出版社，2024.5
ISBN 978-7-302-65936-5

Ⅰ.①P… Ⅱ.①崔… ②丁… ③褚… Ⅲ.①视频编辑软件 Ⅳ.①TP317.53

中国国家版本馆CIP数据核字（2024）第064786号

责任编辑：张彦青
封面设计：李　坤
责任校对：徐彩虹
责任印制：曹婉颖

出版发行：清华大学出版社
　　　　　网　　址：https://www.tup.com.cn，https://www.wqxuetang.com
　　　　　地　　址：北京清华大学学研大厦A座　　　　　邮　　编：100084
　　　　　社 总 机：010-83470000　　　　　邮　　购：010-62786544
　　　　　投稿与读者服务：010-62776969，c-service@tup.tsinghua.edu.cn
　　　　　质量反馈：010-62772015，zhiliang@tup.tsinghua.edu.cn
印 装 者：三河市君旺印务有限公司
经　　销：全国新华书店
开　　本：190mm×260mm　　印　　张：16.75　　字　　数：402千字
版　　次：2024年7月第1版　　印　　次：2024年7月第1次印刷
定　　价：89.00元

产品编号：102939-01

前　言

Adobe Premiere Pro 2023 提供了剪辑、调色、美化音频、字幕设计、输出等一整套解决方案，深受广大视音频制作爱好者的喜爱。Premiere 作为功能强大的多媒体视频、音频编辑软件，广泛应用于电视节目制作、广告制作及电影剪辑等领域，制作效果令人非常满意，可以协助用户更加高效地工作。

01　本书内容 ▶▶▶▶

本书共分为 15 章，按照影视编辑工作的实际需求组织内容，案例以实用、够用为原则。其中包括视频剪辑基础、视频特效、视频过渡效果、字幕制作技巧、影视照片处理技巧、影视调色技巧、影视特效编辑、常用影视动画制作，以及相机广告片头、简约多彩倒计时动画、足球节目预告动画、酒驾公益短片、婚礼片头、感恩父母短片、城市宣传片等内容。

02　本书特色 ▶▶▶▶

本书以提高读者的动手能力为出发点，覆盖了 Premiere 视频编辑方方面面的技术与技巧。通过 150 个案例精讲，由浅入深、由易到难，逐步引导读者系统地掌握软件的操作技能和相关专业知识。

03　海量的电子学习资源和素材 ▶▶▶▶

本书附带大量的学习资料和视频教程，通过截图方式给出部分概览。

本书附带所有的素材文件、场景文件、效果文件、多媒体有声视频教学录像，读者在读完本书内容以后，可以调用这些资源进行深入学习。

本书视频教学贴近实际，几乎手把手教学。

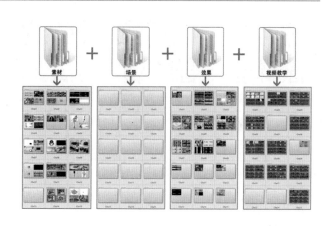

04 读者对象 ▶▶▶▶

（1）Premiere 初学者。

（2）大中专院校和社会培训班影视编辑及其相关专业的学生。

（3）影视编辑从业人员。

05 致谢 ▶▶▶▶

本书由崔宁、丁卫东、褚建萍编著，参与编写的人员还有朱晓文、纪丽丽、刘蒙蒙，对他们表示感谢。在这里同时也要感谢对本书出版给予过帮助的编辑老师、视频测试老师。

编 者

Premiere Pro 2023
视频编辑案例
课堂——配送资
源 .part1.rar

Premiere Pro 2023
视频编辑案例
课堂——配送资
源 .part2.rar

Premiere Pro 2023
视频编辑案例
课堂——配送资
源 .part3.rar

Premiere Pro 2023
视频编辑案例
课堂——配送资
源 .part4.rar

Premiere Pro 2023
视频编辑案例
课堂——配送资
源 .part5.rar

目　录

CONTENTS

第 01 章　视频剪辑基础

本章导读：

　　Premiere Pro 是美国 Adobe 公司出品的视音频非线性编辑软件，该软件功能强大，开放性很好，广泛应用于影视后期制作领域。

案例精讲 001　安装 Premiere Pro 2023

安装 Premiere Pro 2023 需要 64 位操作系统，安装 Premiere Pro 2023 软件的方法非常简单，只需根据操作步骤提示便可轻松完成安装，具体操作步骤如下。

（1）打开 Premiere Pro 2023 安装文件，找到 Set-up.exe 文件，鼠标左键双击运行，如图 1-1 所示。

（2）弹出【Premiere Pro 2023 安装程序】对话框，在该界面中指定安装的位置，单击【继续】按钮，如图 1-2 所示。

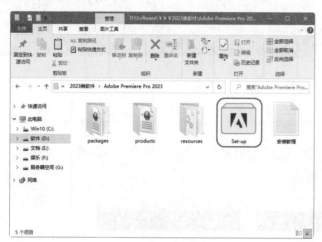

图 1-1

图 1-2

（3）初始化完成后，将会出现带有安装进度条的界面，说明正在安装 Premiere Pro 2023 软件，如图 1-3 所示。

（4）安装完成后，将会弹出【安装完成】界面，单击【关闭】按钮即可，如图 1-4 所示。

图 1-3

图 1-4

案例精讲 002　卸载 Premiere Pro 2023

　　卸载 Premiere Pro 2023 的方法有两种，一种方法是通过【控制面板】卸载，另一种方法是通过软件管家等卸载软件卸载。下面将具体介绍如何通过【控制面板】卸载 Premiere Pro 2023。

　　（1）单击计算机左下角的【开始】按钮▦，在弹出的菜单中选择 Adobe Premiere Pro 2023 选项，右击鼠标，在弹出的快捷菜单中选择【卸载】命令，如图 1-5 所示。

　　（2）在【程序和功能】界面中选择 Adobe Premiere Pro 2023 命令选项，单击【卸载 / 更改】按钮，如图 1-6 所示。

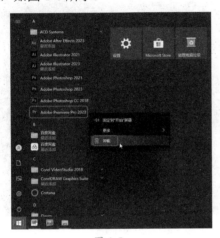

图 1-5　　　　　　　　　　　　　　　　　　　图 1-6

　　（3）在【Premiere Pro 卸载程序】界面中，弹出【Premiere Pro 首选项】提示框，单击【是，确定删除】按钮，开始卸载，如图 1-7 所示。

　　（4）等待卸载，卸载界面如图 1-8 所示。

　　（5）单击【关闭】按钮，即可卸载完成，如图 1-9 所示。

图 1-7　　　　　　　　　　　图 1-8　　　　　　　　　　　图 1-9

◆◆◆◆◆◆◆◆◆
案例精讲 003　　**Premiere Pro 2023 个性化界面设置**

　　用户可以根据自己的喜好更改 Premiere Pro 2023 的外观颜色亮度或【项目】面板中标签的颜色。下面将介绍更改 Premiere Pro 2023 的外观颜色亮度的操作步骤。

　　（1）启动 Premiere Pro 2023 软件并新建一个项目。在菜单栏中选择【编辑】|【首选项】|【外观】命令，弹出【首选项】对话框，如图 1-10 所示。

　　（2）切换到【外观】界面，拖动【亮度】的滑块可以改变 Premiere 的外观颜色亮度，单击【默认】按钮，可以恢复其默认的外观亮度，如图 1-11 所示。

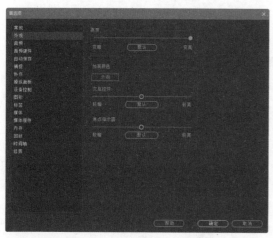

图 1-10　　　　　　　　　　　　　　　　图 1-11

◆◆◆◆◆◆◆◆◆
案例精讲 004　　**更改标签颜色**

　　在 Premiere Pro 2023 中，用户可以根据自己的喜好更改 Premiere Pro 2023 的外观颜色亮度或【项目】面板中标签的颜色。下面将介绍更改 Premiere Pro 2023 的标签颜色的操作步骤。

　　（1）新建项目和序列 01。在【项目】面板中，序列的默认标签颜色为森林绿。在菜单栏中选择【编辑】|【首选项】|【标签】命令，弹出【首选项】对话框。将森林绿色更改为红色，如图 1-12 所示。

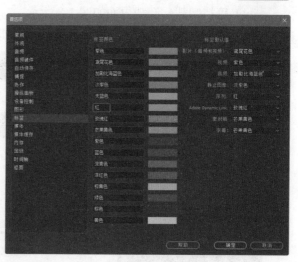

图 1-12

（2）单击红色右侧的颜色块，在弹出的【拾色器】对话框中，将 RGB 的值设置为 255、0、0，如图 1-13 所示。

（3）单击【确定】按钮，在【项目】面板中，序列标签颜色变为红色，如图 1-14 所示。

图 1-13　　　　　　　　　　　　　　　图 1-14

◆◆◆◆◆◆◆◆◆
案例精讲 005　新建序列

Premiere Pro 2023 是视频编辑软件，在该软件中新建项目文件后，若要对视频进行剪辑操作，需要新建序列并对其进行设置。只有将视频或音频素材添加到新建序列的视频或音频轨道中，才可以对素材进行编辑。新建序列的操作步骤如下。

（1）新建项目文件。在菜单栏中选择【文件】|【新建】|【序列】命令，如图 1-15 所示。

（2）在弹出的【新建序列】对话框的【可用预设】列表中，选择一种预设。建议选择 DV-PAL 中的【标准 48kHz】，其他保持默认设置，如图 1-16 所示。

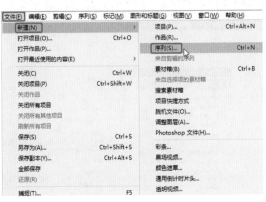

图 1-15　　　　　　　　　　　　　　　图 1-16

（3）单击【确定】按钮，创建完成后的效果如图 1-17 所示。

图 1-17

◆◆◆◆◆◆◆◆◆◆
案例精讲 006　　**导入视频素材**

素材的导入，主要是指将已经存储在计算机硬盘中的素材导入到【项目】面板中，它相当于一个素材仓库，编辑视频时所用的素材都放在其中，具体的操作如下。

（1）启动 Premiere Pro 2023 软件，进入欢迎界面，单击【新建项目】按钮，如图 1-18 所示。

（2）选择项目所保存的位置，并将项目重命名为"导入视频素材"，单击【创建】按钮，如图 1-19 所示。

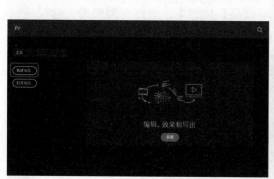

图 1-18

图 1-19

（3）按住 Ctrl+N 组合键打开【新建序列】对话框，对序列进行设置，在 DV-PAL 中选择【标准48kHz】，然后选择【文件】|【导入】命令，如图 1-20所示。

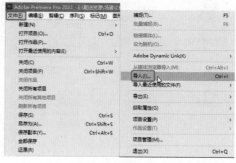

图 1-20

（4）打开【导入】对话框，在打开的对话框中选择"素材 \Cha01\001.mp4"素材文件，如图 1-21 所示，单击【打开】按钮，将素材导入到【项目】面板中。

（5）还可以右击素材箱的空白部分，在弹出的快捷菜单中选择【导入】命令，如图 1-22 所示，弹出【导入】对话框，选择"素材 \ Cha01\001.mp4"素材文件，单击【打开】按钮。

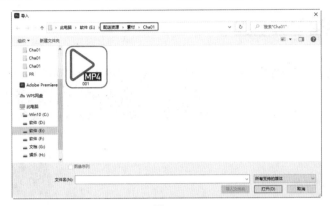

图 1-21

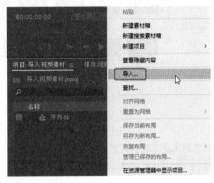

图 1-22

案例精讲 007 **导入序列图像**

本例将讲解如何导入序列图像素材文件，如图 1-23 所示。

图 1-23

（1）新建项目文件和序列 01，项目文件名称为"导入序列文件"，在【项目】面板的【名称】区域下方空白位置处双击鼠标左键，如图 1-24 所示，打开【导入】对话框。

（2）在"素材 \Cha01"中选择要打开的【序列文件】文件夹，然后选择第一张图片，选中【图像序列】复选框，单击【打开】按钮，如图 1-25 所示。

（3）将素材文件导入，然后选中素材文件，将其拖曳至【时间轴】面板的 V1 轨道中，在弹出的【剪辑不匹配警告】对话框中，单击【更改序列设置】按钮，如图 1-26 所示。添加完成后，单击【播放】按钮查看效果即可。

图 1-24

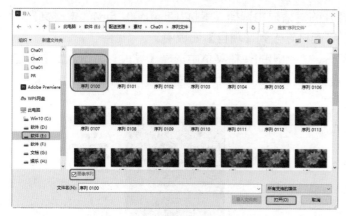

图 1-25

图 1-26

案例精讲 008　　源素材的插入与覆盖

本例向用户介绍源素材的插入与覆盖方法。使用【插入】按钮 ，插入源素材的方法如下。

（1）新建项目文件和【序列 01】，将"素材 \Cha01\002.mp4"素材文件导入到【项目】面板中。在【项目】面板中双击导入的视频素材，激活【源监视器】面板，分别在00:00:03:10 和 00:00:05:01 处标记入点与出点，如图 1-27 所示。

（2）将时间轴移动到 00:00:00:00 处，单击【插入】按钮 ，将入点与出点之间的视频片段插入到【时间轴】面板中，如图 1-28 所示。

图 1-27

图 1-28

使用【覆盖】按钮 ，在【时间轴】面板中将原来的素材进行覆盖，具体的操作方法如下。

（1）继续前面的操作，设置【时间轴】当前时间为 00:00:00:10，如图 1-29 所示。

（2）在【源监视器】面板中单击【覆盖】按钮 ，执行该操作后，即可将入点与出点之间的片段覆盖到【时间轴】面板中，如图 1-30 所示。

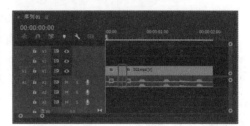

图 1-29　　　　　　　　　　　　　　　图 1-30

案例精讲 009　　**删除影片中的一段文件**

本例将对视频路径进行裁剪，然后通过 Delete 键将不需要的视频路径删除。

（1）新建项目文件和【序列 01】，导入"素材 \Cha01\002.mp4"素材文件，将素材拖曳至 V1 视频轨道中，在工具栏中选择【剃刀工具】，在 00:00:02:15 和 00:00:06:10 两处对素材分别剪裁，如图 1-31 所示。

（2）选中裁切后的素材中间部分，按 Delete 键删除，如图 1-32 所示。

图 1-31　　　　　　　　　　　　　　　图 1-32

案例精讲 010　　**三点编辑和四点编辑**

三点编辑、四点编辑是编辑节目的两种方法，由传统的线性编辑延续而来，所谓三点、四点指的是设置素材与节目的入点和出点个数。本例将使用三点或四点编辑，将素材通过【源监视器】面板，加入到【时间轴】面板的节目中。

（1）新建项目文件和【序列 01】，在菜单栏中选择【文件】|【新建】|【导入】命令，导入"素材 \Cha01\003.mp4"素材文件，将视频拖曳至【序列】面板中，在【源监视器】面板中标记入点 00:00:03:02 和出点 00:00:05:18，如图 1-33 所示。

（2）将当前时间设置为 00:00:03:15，在【节目监视器】面板中设置入点，在【源监视器】面板中单击【插入】按钮，插入后的效果如图 1-34 所示。

（3）继续上一步的操作，进行四点编辑。在【源监视器】面板中分别设置出点和入点为 00:00:06:10 和 00:00:08:21；在【节目监视器】面板中，在时间 00:00:06:17 和 00:00:08:20 处分别设置相应的入点和出点；在【源监视器】中单击【插入】按钮，弹出【适合剪辑】对话框，将【选项】设置为【更改剪辑速度（适合填充）】，单击【确定】按钮，如图 1-35 所示。

（4）执行操作后，素材将插入到【时间轴】面板中，如图 1-36 所示。

图 1-33

图 1-34

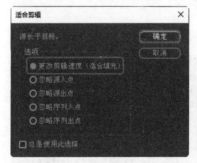

图 1-35

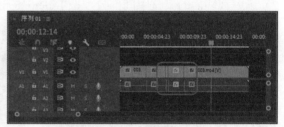

图 1-36

案例精讲 011　　添加标记

在节目的编辑制作中，可以为素材的某一帧设置一个标记，以方便编辑过程中反复查找和定位，标记分为非数字和数字两种，前者没有数量的限制，后者可以设置为 0 ～ 99，本例将介绍如何对素材设置标记。

（1）新建项目文件和【序列 01】，导入"素材 \Cha01\003.mp4"素材文件，将【项目】面板中的素材拖曳至【时间轴】面板 V1 视频轨道中，设置时间为 00:00:01:15，如图 1-37 所示。

（2）在【时间轴】面板中单击【添加标记】按钮 ，添加标记，如图 1-38 所示。

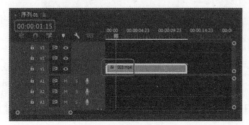

图 1-37

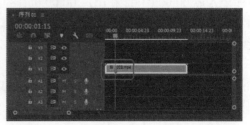

图 1-38

案例精讲 012　**解除视音频链接**

相信大家在平时的阅读或者观看一些视频的时候，都想要把非常精彩的一部分留下来，以便于以后欣赏或者使用。当然，在截取视频的时候也会将音频一并截取，但是如果我们只需要视频部分，就要用到解除视音频链接，本案例就介绍一下如何解除视音频的链接。

（1）新建项目文件和【序列 01】，添加"素材 \Cha01\004.mp4"素材文件，在素材文件上右击鼠标，在弹出的快捷菜单中选择【取消链接】命令，如图 1-39 所示。

（2）执行完该命令后即可将视频和音频取消链接，选择【剃刀工具】，在视频的任意位置单击，切割视频，移动音频的位置，可以观察到音频并未受到影响，如图 1-40 所示。

图 1-39

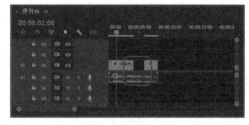

图 1-40

案例精讲 013　**链接视音频**

下面将讲解如何链接视音频，操作方法如下。

（1）打开 Premiere Pro 2023 软件，按 Ctrl+O 组合键，在弹出的【打开项目】对话框中选择"素材 \ Cha01 \ 音视频链接文件 .prproj"文件，单击【打开】按钮，如图 1-41 所示。

图 1-41

（2）在【时间轴】面板中同时选中视频和音频文件，单击鼠标右键，在弹出的快捷菜单中选择【链接】命令，如图 1-42 所示。执行完该命令后，即可将视频和音频进行链接。

图 1-42

案例精讲 014　**改变素材的持续时间**

素材的持续时间严格地来说是指素材播放时的时间，本例将介绍如何改变素材的持续时间。

（1）新建项目文件和【序列 01】，添加"素材 \Cha01\004.mp4"素材文件，单击鼠标右键，在弹出的快捷菜单中选择【速度 / 持续时间】命令，如图 1-43 所示。

（2）打开【剪辑速度 / 持续时间】对话框，在该对话框中将【持续时间】设置为 00:00:04:00，设置完成后单击【确定】按钮，如图 1-44 所示。

图 1-43

图 1-44

（3）观察改变素材持续时间后的效果，如图 1-45 所示。

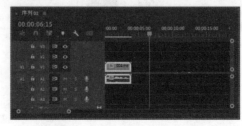

图 1-45

案例精讲 015　　**设置关键帧**

　　将素材拖曳至【时间轴】面板中，然后将素材选中，此时激活【效果控件】面板，可以在该面板中看到相应的设置。通过打开动画关键帧，再通过对每个时间段设置动画记录，这样就形成动态效果，如图 1-46 所示。

图 1-46

　　（1）新建项目文件和【序列 01】，添加"素材 \Cha01\005.mp4"素材文件，选择视频轨道中的素材，切换至【效果控件】面板，展开【运动】选项，将当前时间设置为 00:00:00:00，将【缩放】设置为 0，单击左侧的【切换动画】按钮 ，如图 1-47 所示。

　　（2）将当前时间设置为 00:00:05:00，将【缩放】设置为 120，按 Enter 键确认操作，如图 1-48 所示。使用同样的方法添加其他动画。

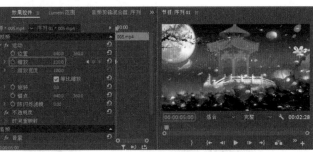

图 1-47　　　　　　　　　　　　　　　　　　图 1-48

案例精讲 016　　**重命名素材**

　　将素材导入【项目】面板后，还可以对它的某些属性进行修改，以方便管理和后面的操作。

　　（1）新建项目文件和【序列 01】，添加"素材 \Cha01\005.mp4"素材文件并选择该文件，激活重命名文本框，如图 1-49 所示。

　　（2）如果将需要修改的素材在修改之前已经添加至【时间轴】面板中，可以在【时间轴】面板中右击相应的素材，在弹出的快捷菜单中选择【重命名】命令，在弹出的对话框中对素材进行命名，如图 1-50 所示。

  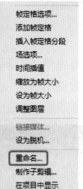

图 1-49   图 1-50

案例精讲 017   剪辑素材

本例所介绍的剪辑素材是通过在【源监视器】面板中设置素材的入点和出点，仅使用素材中有用的部分。这是将素材引入到【时间轴】面板中编辑节目经常需要做的工作。如果在【源监视器】面板中不对素材进行入点、出点设置，素材开始的画面位置就是入点，结尾就是出点。

（1）新建项目文件和【序列 01】，添加"素材 \Cha01\006.mp4"素材文件并双击，将其在【源监视器】面板中打开，在【源监视器】面板中将当前时间设置为 00:00:01:02，单击【标记入点】按钮，将当前时间设置为 00:00:03:00，单击【标记出点】按钮，如图 1-51 所示，

（2）标记完成后，单击【插入】按钮，观察剪辑后的效果，如图 1-52 所示。

图 1-51   图 1-52

案例精讲 018   影片预览

影片的预览主要是为了检查编辑的效果，如果在视频编辑中添加了过多的特效，那么在预览的过程中可能不会出现想要的效果。

（1）新建项目文件和【序列 01】，添加"素材 \Cha01\007.mp4"素材文件，将素材文

件添加至【项目】面板中，如图 1-53 所示。

（2）将素材拖入【序列】面板的 V1 视频轨道中，在【节目监视器】面板中单击【播放】按钮，即可预览影片，如图 1-54 所示。

图 1-53　　　　　　　　　　图 1-54

案例精讲 019　输出影片

视频制作完成后，需要进行输出，在输出的过程中要对一些设置进行调整。

（1）继续【案例精讲 018】的操作，切换至【时间轴】面板，按 Ctrl+M 组合键，将【格式】设置为 AVI，设置导出视频的路径及视频名称，设置完成后单击【导出】按钮，如图 1-55 所示。

（2）视频即可以导出，并显示导出的进度条，如图 1-56 所示。

图 1-55　　　　　　　　　　图 1-56

视频格式的转换需要在【导出设置】面板中进行设置，下面将介绍转换视频格式的操作方法。

新建项目文件和【序列 01】，导入"素材 \Cha01\004.mp4"文件，将视频拖曳至【序列】面板中。切换至【序列】面板，按 Ctrl+M 组合键，单击【格式】右侧的下拉三角按钮，在弹出的下拉列表框中任意选择一种格式，即可对素材的格式进行转换，如图 1-57 所示。

图 1-57

第 02 章　视频特效

本章导读：

　　本章中的案例精讲，主要运用了【效果】面板中常用的视频效果，同时通过关键帧设置为动态效果画面，熟练地运用【效果】面板是制作影视动画的前提。

案例精讲 021　　视频色彩平衡校正

本例将通过【视频效果】中的【亮度与对比度】和【颜色平衡】效果，对视频进行调整，效果如图 2-1 所示。

图 2-1

（1）运行 Premiere Pro 2023 软件，进入欢迎界面，单击【新建项目】按钮，选择项目的保存路径，将项目名命名为"视频色彩平衡校正"。其他保持默认设置即可，单击【创建】按钮，如图 2-2 所示。

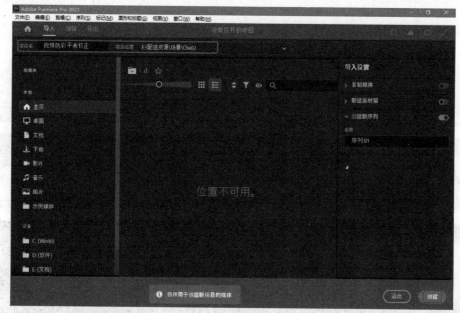

图 2-2

（2）进入工作界面后，在【项目】面板中【名称】选项下的空白位置处双击，在弹出的【导入】对话框中选择"素材 \Cha02\ 中国元素 .mp4"文件，单击【打开】按钮。将素材导入【项目】面板后，选中该素材，按住鼠标左键将素材拖曳至【序列】面板中自动生成序列。选中轨道中的素材，此时在【节目】面板中可以看到素材，如图 2-3 所示。

（3）激活【效果】面板，打开【视频效果】文件夹，选择【过时】下的【亮度校正器】效果，将该效果拖曳至 V1 轨道中的素材文件上，如图 2-4 所示。

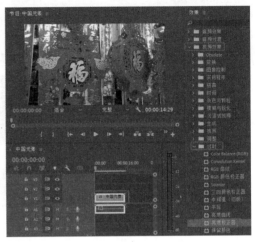

图 2-3　　　　　　　　　　　　　　　　图 2-4

（4）激活【效果控件】面板，将【亮度校正器】选项下的【亮度】设置为 -20，【对比度】设置为 15，如图 2-5 所示。

图 2-5

（5）在【效果】面板中，将【视频效果】|【颜色校正】|【颜色平衡】效果拖曳至轨道中的素材上。在【效果控件】面板中，将【中间调红色平衡】设置为 100，选中【保持发光度】复选框，如图 2-6 所示。

（6）设置完成后将场景保存，在【节目】面板中，单击【播放 - 停止切换】按钮 ▶ 观看效果即可。

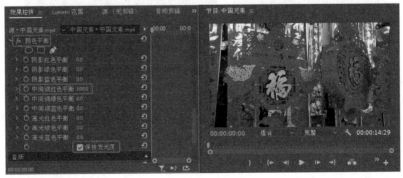

图 2-6

案例精讲 022　视频垂直翻转效果

本例将制作画面垂直翻转的效果，如图 2-7 所示。

图 2-7

（1）新建项目文件，在【项目】面板中的空白位置处双击鼠标左键，在弹出的对话框中选择"素材 \Cha02\ 荷塘月色 .mp4、花瓣飘落飞落 .avi"素材文件，单击【打开】按钮。

（2）将导入的"荷塘月色 .avi"拖曳至【序列】面板中，自动生成序列。选择 V1 视频轨道中的素材，单击鼠标右键，在弹出的快捷菜单中选择【速度 / 持续时间】命令，在打开的对话框中设置【持续时间】为 00:00:10:00，然后单击【确定】按钮，如图 2-8 所示。

（3）将素材"花瓣飘落飞落 .mp4"拖曳至【序列】面板的 V2 轨道中，选择 V2 轨道中的素材，单击鼠标右键，在弹出的快捷菜单中选择【速度 / 持续时间】命令，在打开的对话框中设置【持续时间】为 00:00:10:00，然后单击【确定】按钮。

（4）选中 V2 轨道中的素材，打开【效果控件】面板，将【不透明度】选项下的【混合模式】设置为【线性减淡（添加）】，如图 2-9 所示。

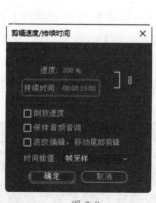

图 2-8

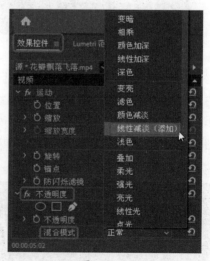

图 2-9

（5）打开【效果】面板，将【视频效果】|【变换】|【垂直翻转】效果拖曳至 V2 轨道中的素材上，如图 2-10 所示。

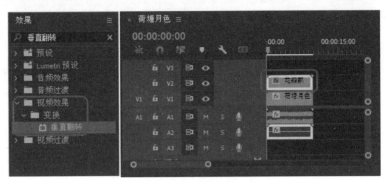

图 2-10

（6）设置完成后，将 A1、A2 轨道中文件的结尾处与 V1 轨道视频文件的结尾处对齐，将场景保存。在【节目】面板中，单击【播放 - 停止切换】按钮 观看效果即可。

案例精讲 023　　**视频水平翻转效果**

本例将制作视频水平翻转的效果，如图 2-11 所示。

图 2-11

（1）新建项目文件，在【项目】面板的空白位置处双击鼠标左键，在弹出的对话框中选择"素材 \Cha02\001.mp4"素材文件，单击【打开】按钮。导入素材后，将其拖曳至【时间轴】面板自动生成序列。

（2）激活【效果】面板，打开【视频效果】文件夹，选择【变换】下的【水平翻转】效果，将其拖曳至 V1 视频轨道中的素材文件上，如图 2-12 所示。

（3）设置完成后将场景保存，在【节目】面板中，单击【播放 - 停止切换】 按钮观看效果即可，如图 2-13 所示。

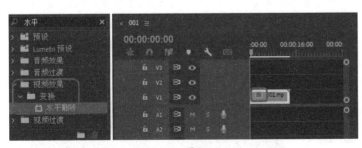

图 2-12　　　　　　　　　　　　　　　　　　　　图 2-13

案例精讲 024　羽化视频边缘

本例通过【羽化边缘】效果将视频的边缘与背景融合成一体，如图 2-14 所示。

图 2-14

（1）新建项目文件，进入到工作界面。在【项目】面板中【名称】选项下的空白位置处双击鼠标左键，在弹出的对话框中选择"素材 \Cha02\ 沙漠背景 .mp4、旅行骆驼队 .mp4 和 I Want You To Know.mp3"素材文件，单击【打开】按钮。导入素材至【项目】面板中，如图 2-15 所示。

（2）导入素材后，将"沙漠背景 .mp4"拖曳至【序列】面板中自动生成序列。选中素材，单击鼠标右键，在弹出的快捷菜单中选择【取消链接】命令，如图 2-16 所示。

图 2-15

图 2-16

（3）将 A1 轨道上的音频文件删除，并将当前时间设置为 00:00:02:00，将"旅行骆驼队 .mp4"拖曳至 V2 轨道中与时间线对齐，拖动"旅行骆驼队 .mp4"素材的结尾处与 V1 视频轨道中素材的结尾处对齐。选中素材，单击鼠标右键，在弹出的快捷菜单中选择【缩放为帧大小】命令，如图 2-17 所示。

（4）激活【效果】面板，打开【视频效果】文件夹，选择【变换】选项下的【羽化边缘】效果并将其拖曳至素材上。将当前时间设置为 00:00:02:00，在 V2 轨道中选中素材，切换至【效果控件】面板，将【羽化边缘】选项下的【数量】设置为 100，将【不透明度】设置为 0，单击其左侧的【切换动画】按钮，如图 2-18 所示。

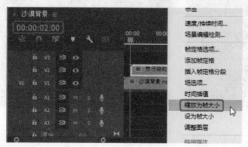

图 2-17

图 2-18

（5）将当前时间设置为00:00:04:00，将【效果控件】面板中的【不透明度】设置为40%；将当前时间设置为00:00:15:00，在【效果控件】面板中单击【不透明度】右侧的【添加/移除关键帧】按钮，为其添加一个关键帧；再将当前时间设置为00:00:20:00，将【效果控件】面板中的【不透明度】设置为0，如图2-19所示。

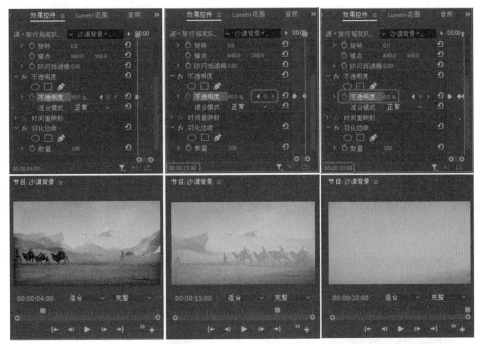

图 2-19

（6）将当前时间设置为00:00:00:00，在【项目】面板中将素材"I Want You To Know.mp3"拖曳至A1轨道与时间线对齐，将结尾处与V1视频轨道素材结尾处对齐。将【时间轴】面板中A1轨道上的素材放大，将当前时间设置为00:00:15:00，选择工具栏中的【钢笔工具】，在其位置添加锚点，再在结尾处添加一个锚点，然后选择【选取工具】 ，将后面的锚点向下拖动，从而达到音频淡出的效果，如图2-20所示。

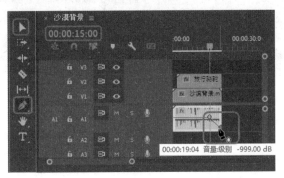

图 2-20

（7）设置完成后将场景保存，在【节目】面板中，单击【播放-停止切换】按钮 ▶ 观看效果即可。

案例精讲 025 Gamma Correction

Gamma Correction 特效可以使素材逐渐变亮或变暗，下面讲解 Gamma Correction 特效的使用方法，效果如图 2-21 所示。

图 2-21

（1）新建项目和序列文件，将【序列】设置为 DV-PAL|【标准 48kHz】。在【项目】面板中双击鼠标左键，弹出【导入】对话框，选择"\Cha02\ 美丽的花园 .mp4"素材文件，单击【打开】按钮， 如图 2-22 所示。

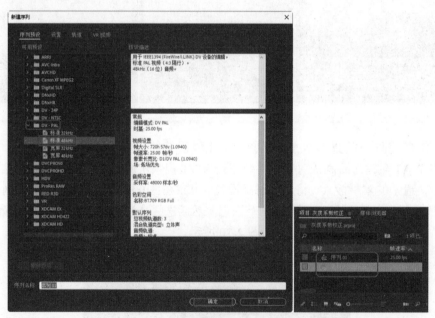

图 2-22

（2）在【项目】面板中选择"美丽的花园 .mp4"素材文件，将其添加至【时间轴】面板中的 V1 视频轨道上，在弹出的【剪辑不匹配警告】对话框中单击【保持现有设置】按钮，如图 2-23 所示。

图 2-23

（3）在视频轨道中选择"美丽的花园 .mp4"素材文件，打开【效果控件】面板，将【缩放】设置为 58，如图 2-24 所示。

（4）切换至【效果】面板，打开【视频效果】文件夹，选择【图像控制】| Gamma Correction 特效，如图 2-25 所示。

图 2-24　　　　　　　　　　　　　　　　　图 2-25

（5）选择特效后，按住鼠标左键将其拖曳至【时间轴】面板中的素材文件上，如图 2-26 所示。

（6）打开【效果控件】面板，将 Gamma Correction 特效下的 Gamma 设置为 6，如图 2-27 所示，观察效果。

图 2-26　　　　　　　　　　　　　　　　　图 2-27

案例精讲 026　将彩色视频黑白化

本例将通过效果控件将彩色的视频转换为黑白的，再通过 Gamma Correction 特效提高画面的亮度，效果如图 2-28 所示。

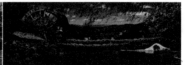

图 2-28

（1）新建项目文件，在【项目】面板中【名称】选项下的空白位置处双击鼠标左键，在弹出的对话框中选择"素材 \Cha02\ 江南风景 . mov"素材文件，单击【打开】按钮。

（2）将导入的"江南风景 .mp4"素材文件拖曳至【时间轴】面板中自动生成序列。激活【效果】面板，打开【视频效果】文件夹，选择【图像控制】下的 Gamma Correction 和【黑白】效果，并将这两个效果拖曳至素材文件上，如图 2-29 所示。

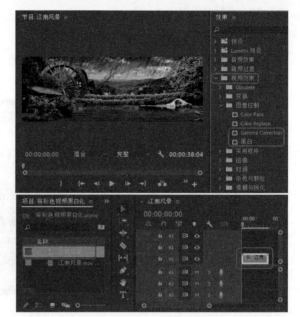

图 2-29

（3）确认选中 V1 视频轨道中的素材，将时间设置为 00:00:00:00，切换至【效果控件】面板中，设置 Gamma Correction 下的 Gamma 为 5，单击 Gamma 左侧的【切换动画】按钮，如图 2-30 所示。

（4）将当前时间设置为 00:00:38:00，在【效果控件】面板中将 Gamma 设置为 28，如图 2-31 所示。

（5）设置完成后，将场景保存。在【节目】面板中单击【播放 - 停止切换】按钮 ► 即可观看效果。

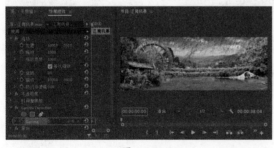

图 2-30

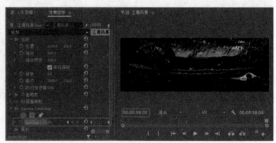

图 2-31

◆◆◆◆◆◆◆◆ **案例精讲 027**　**Color Balance（RGB）效果**

Color Balance（RGB）特效可以按 RGB 颜色模式调节素材的颜色，达到校色的目的，效果如图 2-32 所示。

图 2-32

（1）新建项目，将【序列】设置为 DV-PAL |【标准 48kHz】选项。在【项目】面板中的空白位置处双击鼠标，弹出【导入】对话框，选择"素材 \Cha02\002.mp4"素材文件，单击【打开】按钮。

（2）在【项目】面板中选择"002.mp4"素材文件，将其添加至 V1 视频轨道上，在弹出的【剪辑不匹配警告】对话框中单击【保持现有设置】按钮，如图 2-33 所示。

（3）选中 V1 轨道中的素材文件，在【效果控件】面板中将【缩放】设置为 54，如图 2-34 所示。

图 2-33

图 2-34

（4）切换至【效果】面板，打开【视频效果】文件夹，选择【过时】| Color Balance（RGB）特效。选择该特效，将其拖曳至【时间轴】面板中的"002.mp4"素材文件上，如图 2-35 所示。

（5）在【效果控件】面板中将 Color Balance（RGB）下的 Red、Green、Blue 分别设置 95、125、110，如图 2-36 所示。

图 2-35

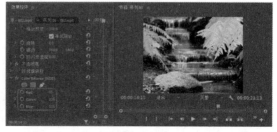

图 2-36

案例精讲 028　　**替换画面中的色彩**

本例通过 Color Replace 效果控件对视频中的颜色进行替换，如图 2-37 所示。

图 2-37

（1）新建项目文件，在【项目】面板中【名称】选项下的空白位置处双击鼠标左键，在弹出的对话框中选择"素材\Cha02\循环燃烧的字母 .mp4"素材文件，单击【打开】按钮。

（2）将导入的"循环燃烧的字母 .mp4"素材文件拖曳至【时间轴】面板中自动生成序列。激活【效果】面板，打开"视频效果"文件夹，选择【图像控制】| Color Replace 效果，并将其拖曳至素材文件上，如图 2-38 所示。

图 2-38

（3）切换至【效果控件】面板，将当前时间设置为 00:00:00:00，将 Color Replace 选项组下的 Similarity 设置为 0，并单击其左侧的【切换动画】按钮 ◎，单击 Target Color 右侧的色块，在弹出的【拾色器】对话框中，将 RGB 设置为 253、218、73。单击 Replace Color 右侧的色块，在弹出的对话框中设置 RGB 值为 115、253、22，并单击其左侧的【切换动画】按钮 ◎，如图 2-39 所示。

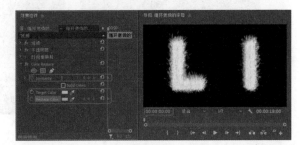

图 2-39

（4）将当前时间设置为 00:00:03:00，在【效果控件】面板中将 Color Replace 选项组下的 Similarity 设置为 100，如图 2-40 所示。

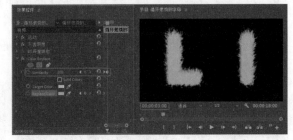

图 2-40

（5）将当前时间设置为 00:00:05:00，打开【效果控件】面板，单击 Color Replace 选项组下的 Replace Color 右侧的色块，在弹出的对话框中设置 RGB 值为 0、204、255，如图 2-41 所示。

（6）设置完成后将场景保存，在【节目】面板中单击【播放 - 停止切换】按钮▶，即可观看效果，如图 2-42 所示。

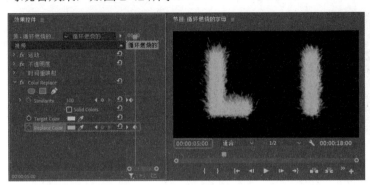

图 2-41　　　　　　　　　　　　　　　　　　　　　　　　　图 2-42

案例精讲 029　扭曲视频效果

本例将对画面添加扭曲的视频效果，其中应用到【扭曲】效果，如图 2-43 所示。

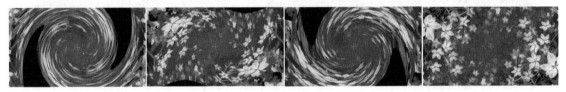

图 2-43

（1）新建项目文件，在【项目】面板中【名称】选项下的空白位置处双击鼠标左键，在弹出的对话框中选择"素材 \Cha02\003.mov"素材文件，单击【打开】按钮。

（2）将导入的"003.mov"素材文件拖曳至【时间轴】面板中自动生成序列，然后激活【效果】面板，打开"视频效果"文件夹，选择【扭曲】下的【旋转扭曲】效果，并将其拖曳至素材上，如图 2-44 所示。

（3）在【效果控件】面板中将当前时间设置为 00:00:00:00，将【旋转扭曲】下的【角度】设置为 300°，【旋转扭曲半径】设置为 48，并单击【角度】左侧的【切换动画】按钮⏱，打开关键帧记录，如图 2-45 所示。

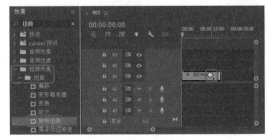　　　　　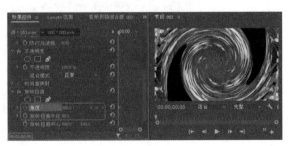

图 2-44　　　　　　　　　　　　　　　　　　　　　　　　　图 2-45

（4）将当前时间设置为 00:00:01:00，【角度】设置为 50°，如图 2-46 所示。

（5）将当前时间设置为 00:00:02:00，【角度】设置为 -200°，如图 2-47 所示。

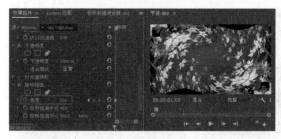

图 2-46　　　　　　　　　　　　　　　图 2-47

（6）将当前时间设置为 00:00:03:00，【角度】设置为 -50°；将当前时间设置为 00:00:04:00，【角度】设置为 100°；将当前时间设置为 00:00:05:00，【角度】设置为 0，如图 2-48 所示。

图 2-48

（7）设置完成后将场景保存，在【节目】面板中单击【播放 - 停止切换】按钮 ▶，即可观看效果。

案例精讲 030　边角定位效果

本例介绍如何通过【边角定位】效果，将一段视频放在背景素材上，并对其进行参数调整，效果如图 2-49 所示。

图 2-49

（1）新建项目和序列文件，将【序列】设置为 DV-PAL |【标准 48kHz】选项。在【项目】

面板中双击鼠标，弹出【导入】对话框，选择"素材 \Cha02\ 万里河山 .mp4、室内效果图 .jpg"素材文件，单击【打开】按钮。

（2）将"万里河山 .mp4"素材文件拖曳至 V2 视频轨道中，在弹出的【剪辑不匹配警告】对话框中单击【保持现有设置】按钮。鼠标右击该素材，在弹出的快捷菜单中选择【缩放为帧大小】命令，如图 2-50 所示。

（3）将"室内效果图 .jpg"素材文件拖曳至 V1 视频轨道中，选中该素材，打开【效果控件】面板，将【缩放】设置为 40。拖动该素材的结尾处与 V2 轨道中素材的结尾处对齐，如图 2-51 所示。

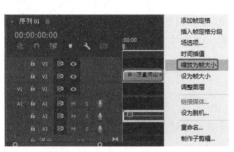

图 2-50　　　　　　　　　　　　　　　　　图 2-51

（4）切换至【效果】面板，打开【视频效果】文件夹，将【扭曲】下的【边角定位】效果拖曳至 V2 视频轨道中的"万里河山 .mp4"上。选择素材，切换至【效果控件】面板，将【边角定位】选项下的【左上】设置为 500、-77，【右上】设置为 1569、-77，【左下】设置为 504、392，【右下】设置为 1567、383，如图 2-52 所示。

（5）设置完成后，将场景保存，在【节目】面板中单击【播放 - 停止切换】按钮 ▶ ，即可观看效果，如图 2-53 所示。

图 2-52　　　　　　　　　　　　　　　　　图 2-53

案例精讲 031　变换效果

【变换】特效是对素材应用二维几何转换效果。使用【变换】特效可以沿任意轴向使素材倾斜，本例将通过设置【字幕】的方式对其进行【变换】效果的参数调整，效果如图 2-54 所示。

图 2-54

（1）新建项目文件，在【项目】面板中双击鼠标，弹出【导入】对话框，在弹出的对话框中选择"素材 \Cha02\ 向日葵 .mp4、变换素材音乐 .mp3"素材文件，单击【打开】按钮。导入素材后，将"向日葵 .mp4"拖曳至【时间轴】面板中自动生成序列，单击鼠标右键，在弹出的快捷菜单中选择【速度 / 持续时间】命令，打开【剪辑速度 / 持续时间】对话框，将【持续时间】设置为 00:00:20:00，如图 2-55 所示。

（2）双击【项目】面板中的素材"变换素材音乐 .mp3"，打开【源】面板，将素材的入点设置为 00:00:07:15，将出点设置为 00:00:27:10，然后单击【插入】按钮 将其插入到【时间轴】面板中，如图 2-56 所示。

图 2-55　　　　　　　　　　图 2-56

（3）将当前时间设置为 00:00:06:02，在工具栏中选择【文字工具】 ，在【节目】面板中绘制一个文本框，输入文字"我爱你"，输入完后选中该字幕，单击鼠标右键，在弹出的快捷菜单中选择【速度 / 持续时间】命令，在弹出的对话框中将【持续时间】设置为 00:00:01:23，如图 2-57 所示。

（4）继续选中该字幕，打开【效果】面板，打开【视频效果】文件夹，在该文件夹下找到【扭曲】文件夹，选择【变换】效果，将其拖曳至字幕"我爱你"中。确认当前时间为 00:00:06:02，打开【效果控件】面板，将【变换】选项下的【不透明度】设置为 0，并单击左侧的【切换动画】按钮 ，将当前时间设置为 00:00:07:00，将【不透明度】设置为 100%。设置完成后选择【变换】效果选项，使用 Ctrl+C 组合键对该效果进行复制，如图 2-58 所示。

图 2-57　　　　　　　　　　　　　　　　　　图 2-58

（5）将当前时间设置为 00:00:08:00，继续在工具栏中选择【文字工具】，在【节目】面板中绘制文本框，输入文字"无畏人海的拥挤"，将该字幕拖曳至 V3 轨道上，将【持续时间】设置为 00:00:03:12，如图 2-59 所示。

（6）打开该字幕的【效果控件】面板，使用 Ctrl+V 组合键粘贴刚刚复制的效果，然后将【位置】设置为 -61、360，并单击左侧的【切换动画】按钮■。将当前时间设置为 00:00:08:23，将【位置】设置为 625、360，如图 2-60 所示。

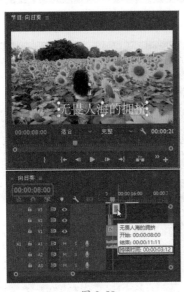

图 2-59　　　　　　　　　　　　　　　　　　图 2-60

（7）将当前时间设置为 00:00:11:12，继续使用【文字工具】，在【节目】面板中绘制文本框，输入文字"用尽余生的勇气"，将该字幕拖曳至 V4 轨道，将【持续时间】设置为 00:00:03:12。打开该字幕的【效果控件】面板，使用 Ctrl+V 组合键粘贴刚刚复制的效果，然后将【缩放】设置为 0，并单击左侧的【切换动画】按钮。将当前时间设置为 00:00:12:10，将【缩放】设置为 100，如图 2-61 所示。

（8）将当前时间设置为 00:00:14:24，继续使用【文字工具】，在【节目】面板中绘制文本框，输入文字"只为能靠近你"，将该字幕拖曳至 V5 轨道，将【持续时间】设置为 00:00:02:13。打开该字幕的【效果控件】面板，使用 Ctrl+V 组合键粘贴刚刚复制的效果，然后将【旋转】设置为 0，并单击左侧的【切换动画】按钮。将当前时间设置为 00:00:15:24，将【旋转】设置为 1×0.0°，如图 2-62 所示。

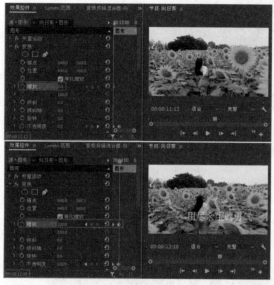

图 2-61

图 2-62

（9）将当前时间设置为 00:00:17:12，继续使用【文字工具】，在【节目】面板中绘制文本框，输入文字"哪怕一厘米"，将该字幕拖曳至 V6 轨道，将其【持续时间】设置为 00:00:02:13。打开该字幕的【效果控件】面板，使用 Ctrl+V 组合键粘贴刚刚复制的效果，然后将【倾斜】设置为 20，并单击【倾斜】和【倾斜轴】左侧的【切换动画】按钮。将当前时间设置为 00:00:19:12，将【倾斜】设置为 0，将【倾斜轴】设置为 1×0.0°，如图 2-63 所示。

图 2-63

（10）设置完成后将场景保存，在【节目】面板中单击【播放 - 停止切换】▶按钮，即可观看效果，如图 2-64 所示。

图 2-64

案例精讲 032　　放大效果

使用【放大】特效控件可以将图像的局部呈圆形或方形的放大，还可以将放大的部分进行【羽化】【透明】等设置，效果如图 2-65 所示。

图 2-65

（1）新建项目文件，在【项目】面板中的空白位置处双击鼠标左键，在弹出的对话框中选择"素材 \Cha02\ 蜂鸟 .mp4、优美钢琴曲 .wav"素材文件，单击【打开】按钮。

（2）导入素材后，将"蜂鸟 .mp4"拖曳至【时间轴】面板中自动生成序列，鼠标右键单击该素材，在弹出的快捷菜单中选择【取消链接】命令，将 A1 轨道的文件按 Delete 键删除。双击【项目】面板中的素材"优美钢琴曲 .wav"，打开【源】面板，将素材的入点设置为 00:00:17:00，将出点设置为 00:00:25:24，然后单击【插入】按钮 ，如图 2-66 所示。将其插入到【时间轴】面板中的 A1 轨道上，将 V1 与 A1 起始处对齐。

（3）将当前时间设置为 00:00:00:00，选中 V1 轨道上的素材，打开【效果】面板，打开【视频效果】文件夹，在该文件夹下找到【扭曲】文件夹，选择【放大】效果，将其拖曳至素材中。打开【效果控件】面板，将【放大】选项下的【中央】设置为 1095、540，【大小】设置为 1，单击左侧的【切换动画】按钮 。将当前时间设置为 00:00:08:03，将【大小】设置为 580，单击【羽化】左侧的【切换动画】按钮 ，如图 2-67 所示。

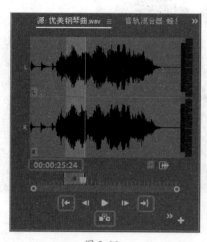

图 2-66

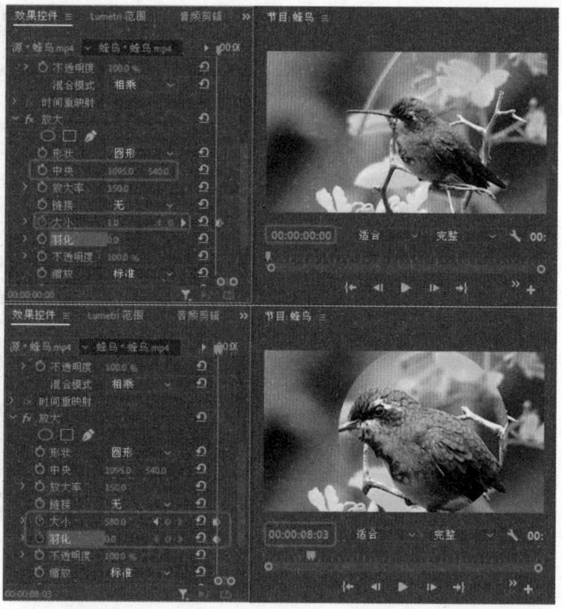

图 2-67

（4）将当前时间设置为 00:00:14:10，将【放大】选项下的【羽化】设置为 50，如图 2-68 所示。

（5）设置完成后将场景保存，在【节目】面板中单击【播放 - 停止切换】按钮 ▶，即可观看效果，如图 2-69 所示。

图 2-68

图 2-69

案例精讲 033　波形变形效果

【波形变形】特效可以使素材变形为波浪的形状，效果如图 2-70 所示。

图 2-70

（1）新建项目文件，在【项目】面板中的空白位置处双击鼠标左键，在弹出的对话框中选择"素材 \Cha02\ 奇幻空间 .mp4、粒子星空 .mp4"素材文件，单击【打开】按钮。

（2）导入素材后，将"奇幻空间 .mp4"素材文件拖曳至【时间轴】面板中自动生成序列，将当前时间设置为 00:00:25:00，再次打开【项目】面板，将"粒子星空 .mp4"素材文件选中，拖曳至 V2 视频轨道中与时间线对齐。打开【效果控件】面板，将"粒子星空 .mp4"素材文件的【不透明度】设置为 0，将【混合模式】设置为【线性减淡（添加）】，如图 2-71所示。将当前时间设置为 00:00:30:00，将"粒子星空 .mp4"素材文件的【不透明度】设置为100%，如图 2-72 所示。

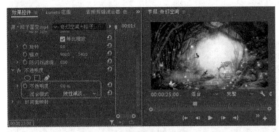

图 2-71

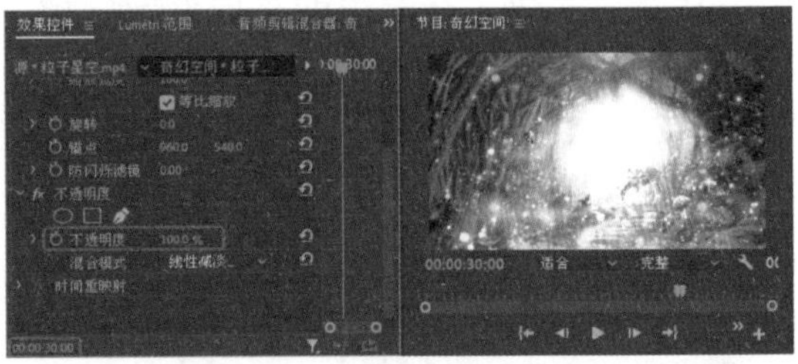

图 2-72

（3）将当前时间设置为 00:00:26:00，选中"奇幻空间 .mp4"素材文件，打开【效果】面板，打开【视频效果】文件夹，在该文件夹下找到【扭曲】文件夹，选择【波形变形】效果，将其拖曳至素材中。打开【效果控件】面板，将【波形类型】设置为【正弦】，将【波形高度】【波形宽度】【方向】【波形速度】分别设置为 0、1、0、0，并单击左侧的【切换动画】按钮，如图 2-73 所示。

图 2-73

（4）将当前时间设置为 00:00:31:00，打开【效果控件】面板，将【波形高度】【波形宽度】【方向】【波形速度】分别设置为 10、40、90°、1。将当前时间设置为00:00:36:00，将【波形高度】【波形宽度】【方向】【波形速度】分别设置为 0、1、0、0，如图 2-74 所示。

（5）设置完成后将场景保存，在【节目】面板中单击【播放 - 停止切换】按钮，即可观看效果。

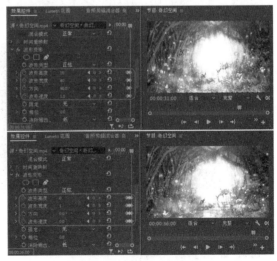

图 2-74

案例精讲 034　　**镜像效果**

本例将通过【镜像】效果控件制作倒影效果，如图 2-75 所示。

（1）新建项目文件，按 Ctrl+N 组合键，弹出【新建序列】对话框，选择 DV-24P |【标准 48kHz】选项，单击【确定】按钮。在【项目】面板中的【名称】选项下双击鼠标左键，在弹出的对话框中选择"素材 \Cha02\ 丽江拉市海 .jpg"素材文件，单击【打开】按钮。

图 2-75

（2）将【丽江拉市海 .jpg】素材文件拖曳至 V1 视频轨道中，并选中轨道中的素材单击鼠标右键，在弹出的快捷菜单中选择【速度 / 持续时间】命令，在弹出的对话框中将【持续时间】设置为 00:00:07:00。切换至【效果控件】面板中，在【运动】选项下，将【缩放】设置为 18，如图 2-76 所示。

图 2-76

（3）在【时间轴】面板中将 V1 轨道中的素材复制一份到 V2 轨道上，起始处和结尾处与 V1 轨道素材对齐。设置完成后将当前时间设置为 00:00:02:00，激活【效果】面板，打开【视频效果】文件夹，选择【扭曲】文件夹下的【镜像】效果，将其拖曳至 V2 视频轨道素材上。选中该素材，切换至【效果控件】面板中，将【镜像】选项下的【反射角度】设置为 90°，将【反射中心】设置为 1152、1650，将【不透明度】设置为 0，并单击左侧的【切换动画】按钮 ，如图 2-77 所示。

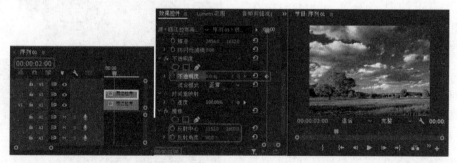

图 2-77

（4）将当前时间设置为 00:00:05:00，在【效果控件】面板中，将【不透明度】设置为 100%，如图 2-78 所示。

（5）设置完成后将场景保存，在【节目】面板中，单击【播放 - 停止切换】按钮 ▶ 观看效果即可。

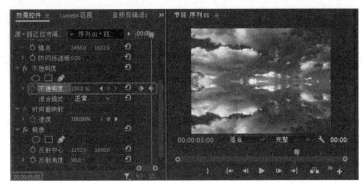

图 2-78

案例精讲 035 　水墨画效果

水墨画具有很强的民族文化特色，将画面处理成水墨画效果，会给人一种古色古香、韵味十足的感觉，本例将一个山水风景视频制作成水墨画效果，如图 2-79 所示。

图 2-79

（1）新建项目文件，按 Ctrl+N 组合键，弹出【新建序列】对话框，选择 DV-24P |【标准 48kHz】选项，单击【确定】按钮。进入操作界面，在【项目】面板中的【名称】选项下双击鼠标左键，在弹出的对话框中选择"素材 \Cha02\ 水墨画 .mp4、水墨转场 .mp4"素材文件，单击【打开】按钮，并在【项目】面板中将【水墨画 .mp4】素材文件拖曳至 V1 视频轨道中，在弹出的【剪辑不匹配警告】对话框中选中该素材，切换至【效果控件】面板，在【运动】选项下，将【缩放】设置为 68，如图 2-80 所示。

图 2-80

（2）在素材文件上右击鼠标，在弹出的快捷菜单中选择【取消链接】命令，将当前时间设置为 00:00:06:00，在工具栏中选择【剃刀工具】 ![icon]，并在时间线所处位置单击进行裁剪，完成后将后半段素材拖曳至 V2 视频轨道，将其开始处与 V1 视频轨道素材的结尾处对齐。在【项目】面板中将【水墨转场 .mp4】素材文件拖曳至 V3 视频轨道，将其开始处和结尾处与 V2 视频轨道对齐，如图 2-81 所示。

（3）选择"水墨画 .mp4"素材文件，激活【效果】面板，打开【视频效果】文件夹，选择【键控】下的【轨道遮罩键】效果，将其拖曳至 V2 视频轨道素材上。选中该素材，切换至【效果控件】面板，在【轨道遮罩键】选项下，将【遮罩】设置为【视频 3】，【合成方式】设置为【亮度遮罩】，如图 2-82 所示。

图 2-81

图 2-82

（4）设置完成后将场景保存，在【节目】面板中单击【播放 - 停止切换】按钮 ![icon]，即可观看效果。

案例精讲 036　　**3D 效果**

本例将制作 3D 效果，通过使用【基本 3D】效果控件，将图像调整出 3D 空间的效果，如图 2-83 所示。

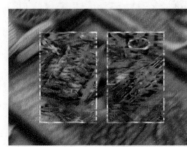
图 2-83

（1）新建项目和序列，按 Ctrl+N 组合键，弹出【新建序列】对话框，选择 DV-24P |【标准 48kHz】选项，单击【确定】按钮，进入操作界面。在【项目】面板中的【名称】选项下双击鼠标左键，在弹出的对话框中选择"素材 \Cha02\ 中国美食 \ 美味小龙虾 .jpg、东北肉串酱油筋 .jpg 和中国美食 .jpg"素材文件，单击【打开】按钮。将"美味小龙虾 .jpg"素材

文件拖曳至 V1 视频轨道中，将【持续时间】设置为 00:00:05:00，将【位置】设置为 196、240，将【缩放】设置为 7.2，如图 2-84 所示。

（2）在【效果】面板中将【基本 3D】视频特效拖曳至 V1 视频轨道中的素材文件上，将当前时间设置为 00:00:01:14，单击【基本 3D】选项组中的【旋转】左侧的【切换动画】按钮，将当前时间设置为 00:00:04:00，将【旋转】设置为 −1×0.0°，如图 2-85 所示。

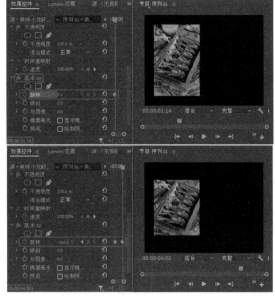

图 2-84　　　　　　　　　　　　　　　　　图 2-85

（3）将当前时间设置为 00:00:00:00，将"东北肉串酱油筋 .jpg"素材文件拖曳至 V2 视频轨道中，将其开始位置与时间线对齐。将【位置】设置为 524、240，将【缩放】设置为 7，如图 2-86 所示。

（4）选择 V1 视频轨道中的素材文件，在【效果控件】面板中选择【基本 3D】视频特效，按 Ctrl+C 组合键进行复制。选择 V2 视频轨道中的素材文件，在【效果控件】面板中按 Ctrl+V 组合键进行粘贴，然后将当前时间设置为 00:00:04:00，将【旋转】设置为 360°，如图 2-87 所示。

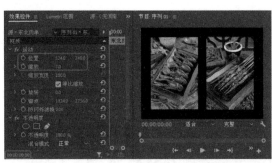

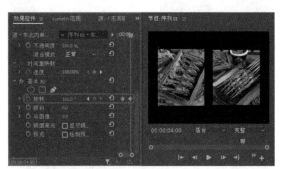

图 2-86　　　　　　　　　　　　　　　　　图 2-87

（5）使用【矩形工具】绘制矩形，适当调整矩形的位置，在【效果控件】面板中展开【形状】选项，将【外观】|【描边】的颜色设置为白色，【描边宽度】设置为 6。选择【外侧】选项，取消选中【填充】复选框，将图形结尾处与 V1 轨道中的素材对齐，如图 2-88 所示。

（6）将图形复制到 V4 轨道，适当调整矩形的位置，如图 2-89 所示。

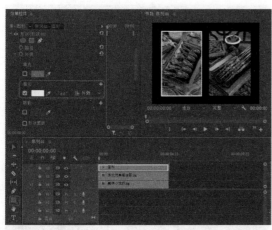
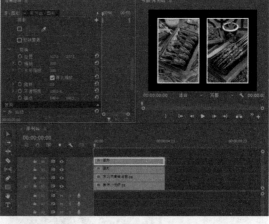

图 2-88　　　　　　　　　　　　　　　图 2-89

（7）按 Ctrl+N 组合键，打开【新建序列】对话框，切换到【序列预设】选项卡，在【可用预设】选项组中选择 DV-PAL|【标准 48kHz】选项，如图 2-90 所示。

（8）单击【确定】按钮，将"中国美食.jpg"素材文件拖曳至【序列 02】面板中的 V1 视频轨道中，将当前时间设置为 00:00:03:06，将【位置】设置为 290、288，单击其左侧的【切换动画】按钮，将【缩放】设置为 18，如图 2-91 所示。

图 2-90　　　　　　　　　　　　　　　图 2-91

（9）将当前时间设置为00:00:04:20，【位置】设置为339、288，在【效果】面板中将【方向模糊】拖曳至V1视频轨道中的素材文件上，将【方向】设置为45°。将当前时间设置为00:00:02:16，【模糊长度】设置为52，单击其左侧的【切换动画】按钮■，如图2-92所示。

（10）将当前时间设置为00:00:03:06，【模糊长度】设置为0。将当前时间设置为00:00:00:00，将【序列01】拖曳至【序列02】面板中的V2轨道中，将视频开始处与时间线对齐。将当前时间设置为00:00:01:14，在【效果控件】面板中，将【位置】设置为372、288，【缩放】设置为100，单击【位置】【缩放】左侧的【切换动画】按钮■。将当前时间设置为00:00:02:15，【位置】设置为192.3、404.2，【缩放】设置为70，如图2-93所示。

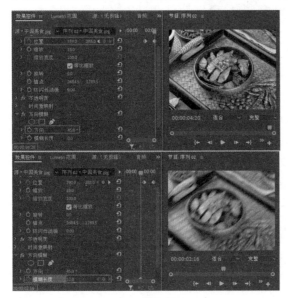

图 2-92

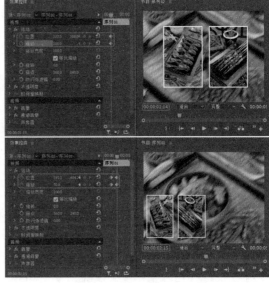

图 2-93

（11）将当前时间设置为00:00:00:00，在【效果】面板中将【块溶解】拖曳至V2视频轨道中的素材文件上，将【过渡完成】设置为100%，单击其左侧的【切换动画】按钮■，将【块宽度】【块高度】设置为20、5。将当前时间设置为00:00:01:00，【过渡完成】设置为0，如图2-94所示。

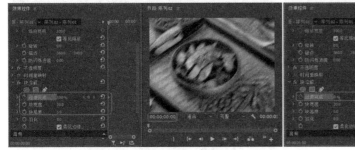
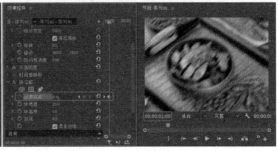

图 2-94

（12）设置完成后将场景保存，在【节目】面板中单击【播放-停止切换】按钮▶即可观看效果。

案例精讲 037　保留颜色效果

本例通过【保留颜色】效果控件来调整视频的颜色，效果如图 2-95 所示。

图 2-95

（1）新建项目文件，按 Ctrl+N 组合键，弹出【新建序列】对话框，选择 DV-24P |【宽屏 48kHz】选项，单击【确定】按钮。进入操作界面，在【项目】面板中的【名称】选项下双击鼠标左键，在弹出的对话框中选择"素材 \Cha02\ 玫瑰花 .jpg"素材文件，单击【打开】按钮。

（2）导入素材后，将"玫瑰花 .jpg"素材文件拖曳至 V1 视频轨道中。选中该素材，打开【效果控件】面板，在【运动】选项下，将【缩放】设置为 17，如图 2-96 所示。

（3）激活【效果】面板，打开【视频效果】文件夹，选择【过时】下的【保留颜色】效果，将其拖曳至 V1 视频轨道素材上，为素材添加【保留颜色】效果。将当前时间设置为 00:00:01:00，在【效果控件】面板中，将【保留颜色】下的【要保留的颜色】设置为 FFAFA1，【脱色量】设置为 100，并单击【脱色量】左侧的【切换动画】按钮 ⏱，将【容差】设置为 28，【边缘柔和度】设置为 0，如图 2-97 所示。

图 2-96

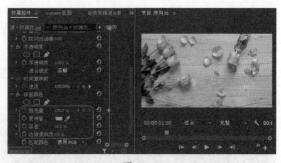

图 2-97

（4）将当前时间设置为 00:00:04:05，在【效果控件】面板，设置【保留颜色】下的【脱色量】为 0，如图 2-98 所示。

（5）设置完成后将场景进行保存，在【节目】面板中即可观看效果。

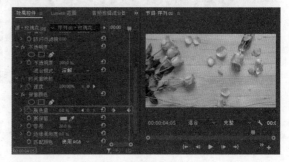

图 2-98

案例精讲 038　　**画面模糊效果**

下面将介绍如何制作画面模糊效果，如图 2-99 所示。

图 2-99

（1）新建项目文件，按 Ctrl+N 组合键，弹出【新建序列】对话框，选择 DV-PAL |【宽屏 48kHz】选项，单击【确定】按钮。进入操作界面，在【项目】面板中的【名称】选项下双击鼠标左键，在弹出的对话框中选择"素材 \Cha02\ 梦幻森林 .mp4"素材文件，单击【打开】按钮。

（2）导入素材后，将"梦幻森林 .mp4"素材文件拖曳至 V1 视频轨道中，在弹出的【剪辑不匹配警告】对话框中单击【保持现有设置】按钮。将当前时间设置为 00:00:00:00，选中该素材，打开【效果控件】面板，在【运动】选项下，将【缩放】设置为 75，并单击【缩放】左侧的【切换动画】按钮，如图 2-100 所示。

（3）确定当前时间为 00:00:00:00，激活【效果】面板，打开【视频效果】文件夹，选择【过时】下的【通道模糊】效果，将其拖曳至 V1 视频轨道素材上。在【效果控件】面板中，将【通道模糊】下的【红色模糊度】设置为 35，【绿色模糊度】设置为 60，【蓝色模糊度】设置为 30，并单击其左侧的【切换动画】按钮，如图 2-101 所示。

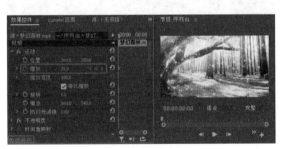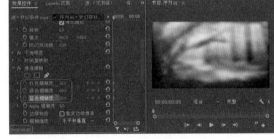

图 2-100　　　　　　　　　　　图 2-101

（4）将当前时间设置为 00:00:09:00，在【效果控件】面板中的【运动】选项下，将【缩放】设置为 55。将【通道模糊】下的【红色模糊度】设置为 0，【绿色模糊度】设置为 0，【蓝色模糊度】设置为 0，如图 2-102 所示。

（5）设置完成后将场景进行保存，在【节目】面板中即可观看效果。

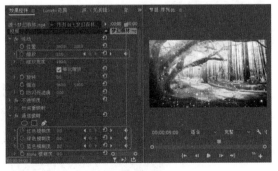

图 2-102

画面锐化效果

锐化效果是将模糊的视频清晰化，本例将对其进行简单的介绍，效果如图 2-103 所示。

图 2-103

（1）新建项目文件，按 Ctrl+N 组合键，弹出【新建序列】对话框，选择 DV-PAL |【宽屏 48kHz】选项，单击【确定】按钮。进入操作界面，在【项目】面板中的【名称】选项下双击鼠标左键，在弹出的对话框中选择"素材 \Cha02\ 锐化素材 .avi"素材文件，单击【打开】按钮。

（2）导入素材后，将"锐化素材 .avi"素材文件拖曳至 V1 视频轨道中，在弹出的【剪辑不匹配警告】对话框中单击【保持现有设置】按钮。选中该素材，打开【效果控件】面板，在【运动】选项下，将【缩放】设置为 56。激活【效果】面板，打开【视频效果】文件夹，选择【模糊与锐化】下的【锐化】效果，将其拖曳至 V1 视频轨道素材上，如图 2-104 所示。

（3）选中该素材，打开【效果控件】面板，在【锐化】选项下，将【锐化量】设置为 50，如图 2-105 所示。

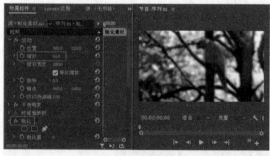
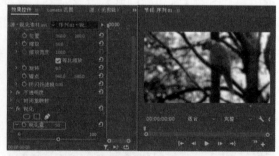

图 2-104   图 2-105

（4）设置完成后将场景进行保存，在【节目】面板中即可观看效果。

设置渐变效果

下面将介绍如何为图片添加渐变效果，如图 2-106 所示。

图 2-106

（1）新建项目文件，按 Ctrl+N 组合键，弹出【新建序列】对话框，选择 DV-PAL |【宽屏 48kHz】，单击【确定】按钮。进入操作界面，在【项目】面板中的【名称】选项下双击鼠标左键，在弹出的对话框中选择"素材 \Cha02\ 丹顶鹤 .jpg"素材文件，单击【打开】按钮。

（2）导入素材后，将"丹顶鹤 .jpg"素材文件拖曳至 V1 视频轨道中，选中该素材，打开【效果控件】面板，在【运动】选项下，将【缩放】设置为 22。在【项目】面板的空白位置处单击鼠标右键，在弹出的快捷菜单中选择【新建项目】|【颜色遮罩】命令，弹出【新建颜色遮罩】对话框，单击【确定】按钮。弹出【拾色器】对话框，在该对话框中将颜色设置为白色，单击【确定】按钮。弹出【选择名称】对话框，在该对话框中将名称设置为【遮罩 L】，设置完成后单击【确定】按钮，如图 2-107 所示。

（3）将【遮罩 L】拖曳至 V2 视频轨道中，在【效果】面板中选择【视频效果】|【变换】|【羽化边缘】效果，将该效果拖曳至 V1 视频轨道中的素材上，为其添加该效果。在【效果控件】面板中，将【羽化边缘】选项组中的【数量】设置为 39，如图 2-108 所示。

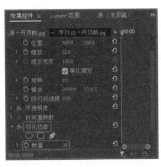

图 2-107　　　　　　　　　　　　　　　　图 2-108

（4）将当前时间设置为 00:00:01:00，选择【遮罩 L】，在【效果】面板中选择【视频效果】|【生成】|【渐变】效果，将该效果拖曳至 V2 视频轨道中的【遮罩 L】上，打开【效果控件】面板为其添加该效果。将【不透明度】设置为 0，并单击【不透明度】左侧的【切换动画】按钮，将【混合模式】设置为【相乘】，【渐变起点】设置为 338、350，【渐变终点】设置为 338、730。将【起始颜色】的 RGB 值设置为 240、204、182，【结束颜色】的 RGB 值设置为 255、66、0，【渐变形状】设置为【线性渐变】，【与原始图像混合】设置为 20，如图 2-109 所示。

（5）将当前时间设置为 00:00:04:20，打开【效果控件】面板，将【不透明度】设置为 100%。设置完成后将场景进行保存，在【节目】面板中即可观看效果，如图 2-110 所示。

图 2-109　　　　　　　　　　　　　　　　图 2-110

案例精讲 041　棋盘格效果

下面将介绍如何利用【复制】和【棋盘】效果控件为选中的图片添加棋盘效果，如图 2-111 所示。

图 2-111

（1）新建项目文件，按 Ctrl+N 组合键，弹出【新建序列】对话框，选择 DV-PAL |【宽屏 48kHz】选项，单击【确定】按钮。进入操作界面，在【项目】面板中的【名称】选项下双击鼠标左键，在弹出的对话框中选择"素材 \Cha02\ 棋盘素材 \ 瑜伽 1.mp4 ～瑜伽 4.mp4"素材文件，单击【打开】按钮。

（2）将"瑜伽 1.mp4"素材文件拖曳至 V1 视频轨道中，在弹出的对话框中单击【保持现有设置】按钮，在素材文件上右击鼠标，在弹出的快捷菜单中选择【取消链接】命令，将 V1 视频轨道中的【持续时间】素材文件设置为 00:00:14:12。将当前时间设置为 00:00:04:15，在【项目】面板中将【瑜伽 2.mp4】素材文件拖曳至 V3 视频轨道中，将其开始处与时间线对齐。在素材文件上右击鼠标，在弹出的快捷菜单中选择【取消链接】命令，并删除 A2 音频素材。将当前时间设置为 00:00:07:10，在工具栏中选择【剃刀工具】 ◆，在时间线所处位置单击对"瑜伽 2.mp4"素材文件进行裁剪，如图 2-112 所示。

（3）打开【效果】面板，选择【视频效果】|【风格化】|【复制】效果，将该效果拖曳至 V3 视频轨道中的"瑜伽 2.mp4"素材文件的后半部分，在【效果控件】面板中将【计数】设置为 2，如图 2-113 所示。

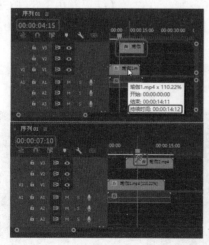

图 2-112

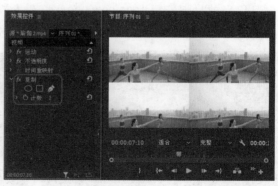

图 2-113

（4）将当前时间设置为00:00:09:20，在工具栏中选择【剃刀工具】，在时间线所处位置单击对"瑜伽2.mp4"素材文件进行裁剪。选择"瑜伽2.mp4"素材文件裁剪下来的第三段，打开【效果】面板，选择【视频效果】|【过时】|【棋盘】效果，将该效果拖曳至"瑜伽2.mp4"第三段。在【效果控件】面板中，将【棋盘】选项组中的【锚点】设置为954、275，【大小依据】设置为【边角点】，【边角】设置为1127.6、626.4，【混合模式】设置为【模板Alpha】，如图2-114所示。

（5）将第三段"瑜伽2.mp4"素材的【持续时间】设置为00:00:04:17，确认当前时间设置为00:00:09:20，在【项目】面板中将"瑜伽3.mp4"素材文件拖曳至V2视频轨道，将其开始处与时间线对齐。将当前时间设置为00:00:14:12，在工具栏中选择【剃刀工具】，在时间线所处位置单击对"瑜伽3.mp4"素材文件进行裁剪，选择【视频效果】|【过时】|【棋盘】效果，将该效果拖曳至"瑜伽3.mp4"第二段。在【效果控件】面板中将【棋盘】选项组中的【锚点】设置为1199、981，【大小依据】设置为【宽度滑块】，【宽度】设置为331，【混合模式】设置为【模板Alpha】，如图2-115所示。

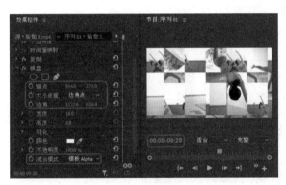

图 2-114

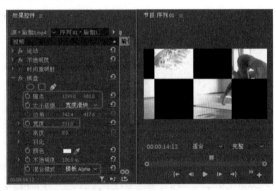

图 2-115

（6）确认当前时间设置为00:00:14:12，在【项目】面板中将"瑜伽4.mp4"素材文件拖曳至V1视频轨道，将其开始处与时间线对齐。拖动素材尾部将其结尾处与"瑜伽3.mp4"视频轨道素材的结尾处对齐。将A2音频轨道中多余的音频文件取消链接并删除，如图2-116所示。

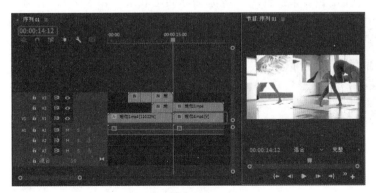

图 2-116

（7）设置完成后将场景进行保存，在【节目】面板中即可观看效果。

案例精讲 042　动态色彩背景【视频案例】

本例介绍如何制作动态色彩背景，效果如图 2-117 所示。

图 2-117

案例精讲 043　镜头光晕效果【视频案例】

本例介绍如何为视频文件添加镜头光晕效果，如图 2-118 所示。

图 2-118

案例精讲 044　球面化效果【视频案例】

本例通过【球面化】效果控件为图像添加球面化效果，如图 2-119 所示。

图 2-119

案例精讲 045 **电流效果【视频案例】**

电流效果是通过给视频素材添加【闪电】特效，设置其参数，在【效果控件】面板中，选择【闪电】选项，复制粘贴，并重新设置参数而生成的效果，如图 2-120 所示。

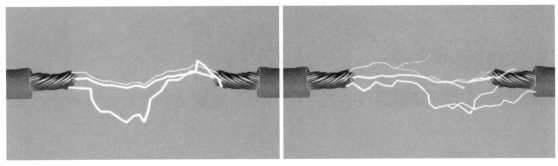

图 2-120

案例精讲 046 **画面亮度调整【视频案例】**

画面亮度调整是通过给视频素材先添加【亮度与对比度】效果，调整亮度和对比度的参数，再添加【裁剪】效果，并添加关键帧而生成的特效，效果如图 2-121 所示。

图 2-121

案例精讲 047 **调整阴影 / 高光效果【视频案例】**

调整阴影 / 高光效果是通过给视频素材添加【阴影 / 高光】效果，设置其参数，再选择【剃刀工具】把视频裁剪成两段并复制到 V2 轨道，为其添加【裁剪】效果，设置参数，添加关键帧而生成的特效，效果如图 2-122 所示。

图 2-122

案例精讲 048　　**块溶解效果【视频案例】**

通过给素材添加【块溶解】效果，设置【过渡完成】【块宽度】【块高度】参数，并添加关键帧生成块溶解效果，如图 2-123 所示。

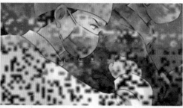

图 2-123

案例精讲 049　　**投影效果【视频案例】**

本案例将通过为对象添加【投影】效果，使其产生立体效果，如图 2-124 所示。

图 2-124

案例精讲 050　　**线条化效果【视频案例】**

下面将介绍如何为选中的对象添加【线条化】效果，如图 2-125 所示。

图 2-125

案例精讲 051 **抠像转场效果【视频案例】**

可以通过【亮度键】效果控件对选中的对象进行抠除，效果如图 2-126 所示。

图 2-126

案例精讲 052 **电视条纹效果【视频案例】**

本例介绍如何为视频添加电视机条纹的效果，如图 2-127 所示。

图 2-127

案例精讲 053 **Alpha 发光效果【视频案例】**

本例介绍如何为对象添加 Alpha 发光效果，如图 2-128 所示。

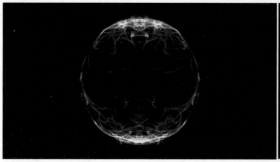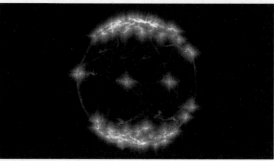

图 2-128

◆ ◆ ◆ ◆ ◆ ◆ ◆ ◆ ◆
案例精讲 054　　**马赛克效果【视频案例】**

本例介绍如何为对象添加【马赛克】效果，如图 2-129 所示。

图 2-129

第 03 章　视频过渡效果

本章导读：

　　本章中的案例精讲，主要是通过添加外部素材和添加过渡效果来完成的。本章的重点在于如何设计各个素材图片之间的切换，以使每个视频动画不会显得那么枯燥乏味，这种设计方法在影视广告中最为常见。通过本章的案例精讲，相信读者可以制作出效果更佳的作品来。

案例精讲 055　　**护肤品过渡动画**

本例将通过视频过渡中的【风车】【内滑】【划出】【交叉溶解】过渡效果控件为素材添加过渡动画，效果如图 3-1 所示。

图 3-1

（1）启动软件后新建项目文件，按 Ctrl+N 组合键，弹出【新建序列】对话框，切换到【设置】选项卡，将【编辑模式】设置为【自定义】，【时基】设置为 25.00 帧 / 秒，【帧大小】分别设置为 1000、503，【像素长宽比】设置为【方形像素（1.0）】，【场】设置为【无场（逐行扫描）】，如图 3-2 所示。

（2）设置完成后，单击【确定】按钮。在【项目】面板中双击鼠标，在弹出的对话框中选择"素材 \Cha03\ 护肤素材 01.jpg、护肤素材 02.png、护肤素材 03. png"素材文件，单击【打开】按钮。在【项目】面板中右击鼠标，在弹出的快捷菜单中选择【新建项目】|【颜色遮罩】命令，如图 3-3 所示。

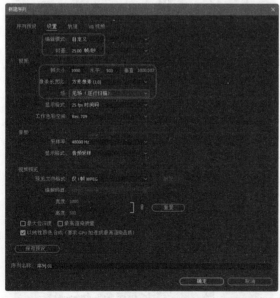

图 3-2

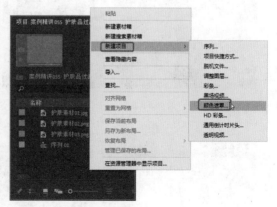

图 3-3

（3）在弹出的【新建颜色遮罩】对话框中单击【确定】按钮，在弹出的【拾色器】对话框中将颜色值设置为＃FFFFFF，如图3-4所示。

（4）设置完成后，单击【确定】按钮，再在弹出的【选择名称】对话框中单击【确定】按钮。将当前时间设置为00:00:00:00，在【项目】面板中选择【颜色遮罩】，按住鼠标左键将其拖曳至V1视频轨道中，将其开始处与时间线对齐，设置【持续时间】为00:00:06:00。将"护肤素材01.jpg"拖曳至V2视频轨道中，将其开始处与时间线对齐，结尾处与V1视频轨道中的结尾处对齐，如图3-5所示。

图3-4　　　　　　　　　　　　　　　　图3-5

（5）在【效果】面板中选择【视频过渡】|【擦除】|【风车】效果，按住鼠标左键将其拖曳至V2视频轨道中的"护肤素材01.jpg"素材文件的开始处，如图3-6所示。

（6）将当前时间设置为00:00:01:00，在【项目】面板中选择"护肤素材02.png"素材文件，按住鼠标左键将其拖曳至V3视频轨道中，将其开始处与时间线对齐，结尾处与V2视频轨道中的结尾处对齐。选中V3视频轨道中的"护肤素材02.png"素材文件，在【效果控件】面板中将【位置】设置为495、262，如图3-7所示。

图3-6　　　　　　　　　　　　　　　　图3-7

（7）在【效果】面板中选择【内滑】效果，按住鼠标左键将其拖曳至 V3 视频轨道中的【护肤素材 02.png】素材文件的开始处，如图 3-8 所示。

（8）在【序列 01】面板的空白位置处右击鼠标，在弹出的快捷菜单中选择【添加轨道】命令，在弹出的【添加轨道】对话框中添加 4 条视频轨道，单击【确定】按钮，如图 3-9 所示。

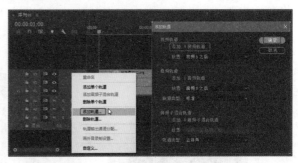

图 3-8　　　　　　　　　　　　　图 3-9

（9）将当前时间设置为 00:00:02:00，选择【文字工具】 ，单击鼠标输入文字。选中输入的文字，将【字体】设置为【方正行楷简体】，【字体大小】设置为 100，【字距调整】设置为 120，将"舒缓""修复"文本的颜色分别设置为 #2A8CC5、#E7396E。选中【阴影】复选框，将阴影下的【颜色】设置为 #B1B1B1，将【不透明度】【角度】【距离】【大小】【模糊】分别设置为 75%、90、2、0、2，将【位置】设置为 103.9、216.7，如图 3-10 所示。

（10）将其开始处与时间线对齐，结尾处与"护肤素材 02.png"结尾处对齐，在【效果】面板中选择【划出】效果，按住鼠标左键将其拖曳至 V4 视频轨道中的文本开始处，如图 3-11 所示。

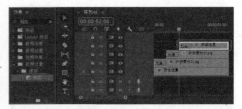

图 3-10　　　　　　　　　　　　　图 3-11

（11）将当前时间设置为 00:00:02:00，将"舒缓修复"文本复制到 V5 轨道，将其开始处与时间线对齐。将【划出】切换效果删除，将文字修改为"平衡水油 水润渗透 温和无刺激"，将【字体】设置为【Adobe 黑体 Std】，【字体大小】设置为 25，【字距调整】设置为 0，【填充】设置为黑色。选中修改后的文字，将【位置】设置为 106、275.8，如图 3-12 所示。

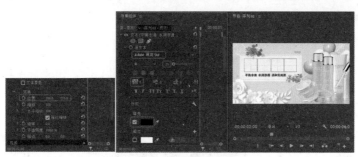

图 3-12

（12）将当前时间设置为 00:00:02:00，将 V5 轨道中的文字进行复制，将其开始处与时间线对齐。将文字修改为"FIRMING LOTION"，选中修改后的文字，将【字体】设置为"Lucida Sans"，【字体大小】设置为 30，【字距调整】设置为 0，【位置】设置为 266、84.7，如图 3-13 所示。

图 3-13

（13）在【效果】面板中选择【交叉溶解】效果，按住鼠标左键将其拖曳至 V5、V6 视频轨道中的文本开始处，如图 3-14 所示。

（14）根据前面介绍的方法制作其他内容，完成后的效果如图 3-15 所示。

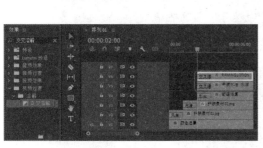

图 3-14　　　　　　　　　　　　　　图 3-15

● ● ● ● ● ● ● ●
案例精讲 056　摩托车过渡动画

　　本案例主要通过为素材图像添加【推】【交叉缩放】【交叉划像】等视频过渡效果，使静态图片产生动态效果。除此之外，还添加了动态视频，通过视频与图像的结合使摩托车过渡动画展示出新潮的艺术效果，效果如图 3-16 所示。

图 3-16

　　（1）新建项目文件和 DV-PAL 选项组中的【标准 48kHz】序列文件，在【项目】面板中导入"素材 \Cha03\ 摩托车素材 01.jpg ～摩托车素材 09.jpg、爆炸烟雾 1.avi"素材文件，如图 3-17 所示。

　　（2）确认当前时间为 00:00:00:00，在【项目】面板中选择"摩托车素材 01.jpg"素材文件，将其拖曳至 V1 视频轨道中，将【持续时间】设置为 00:00:03:00。在【效果控件】面板中将【位置】设置为 360、294，【缩放】设置为 53.5，如图 3-18 所示。

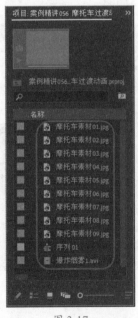

图 3-17　　　　　　　　　　　　　　　　图 3-18

（3）将当前时间设置为00:00:03:00，在【项目】面板中选择"摩托车素材02.jpg"素材文件，将其拖曳至V1视频轨道中，使其开始处与时间线对齐。选中该素材文件，将其【持续时间】设置为00:00:02:13。在【效果控件】面板中将【缩放】设置为51，如图3-19所示。

（4）在【效果】面板中搜索并选中【交叉缩放】过渡效果，将其拖曳至V1视频轨道中的"摩托车素材01.jpg"与"摩托车素材02.jpg"素材之间，如图3-20所示。

图 3-19

图 3-20

（5）将当前时间设置为00:00:05:13，在【项目】面板中选择"摩托车素材03.jpg"素材文件，将其拖曳至V1视频轨道中，使其开始处与时间线对齐。选中该素材，将其【持续时间】设置为00:00:02:13。在【效果控件】面板中将【缩放】设置为53，如图3-21所示。

（6）在【效果】面板中搜索【交叉划像】过渡效果，将其拖曳至V1视频轨道中的"摩托车素材02.jpg"与"摩托车素材03.jpg"素材之间，如图3-22所示。

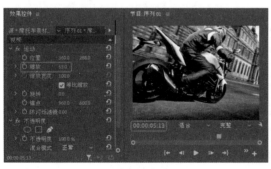

图 3-21

图 3-22

（7）将当前时间设置为00:00:08:01，在【项目】面板中选择"摩托车素材04.jpg"素材文件，将其拖曳至V1视频轨道中，使其开始处与时间线对齐，将其【持续时间】设置为00:00:07:10。在【效果】面板中搜索【快速模糊】效果，将其拖曳至V1视频轨道中的"摩托车素材04.jpg"素材上，在【效果控件】面板中将【缩放】设置为56，如图3-23所示。

（8）将当前时间设置为00:00:09:10，在【效果控件】面板中单击【快速模糊】下方【模糊度】左侧的【切换动画】按钮 ⓞ，如图 3-24 所示。

图 3-23　　　　　　　　　　　　　　　　　　图 3-24

（9）将当前时间设置为 00:00:10:10，在【效果控件】面板中将【快速模糊】下的【模糊度】设置为 100，如图 3-25 所示。

（10）在【效果】面板中搜索并选中【推】过渡效果，将其拖曳至 V1 视频轨道中的"摩托车素材 03.jpg"与"摩托车素材 04.jpg"素材之间，如图 3-26 所示。

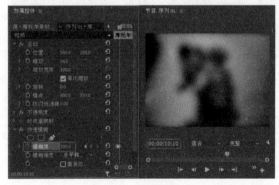

图 3-25　　　　　　　　　　　　　　　　　　图 3-26

（11）将当前时间设置为 00:00:00:00，在【项目】面板中选择"爆炸烟雾 1.avi"素材文件，将其拖曳至 V2 视频轨道中，使其开始处与时间线对齐。在【效果控件】面板中将【缩放】设置为 54，将【混合模式】设置为【柔光】，如图 3-27 所示。

（12）将当前时间为设置 00:00:10:00，在【项目】面板中选择"摩托车素材 05.jpg"素材文件，将其拖曳至 V2 视频轨道中，使其开始处与时间线对齐，结尾处与 V1 视频轨道中的"摩托车素材 04.jpg"素材的结尾处对齐。选中"摩托车素材 05.jpg"素材，在【效果控件】面板中将【缩放】设置为 103，将【混合模式】设置为【柔光】，如图 3-28 所示。

（13）将当前时间设置为 00:00:10:11，在【项目】面板中选择"摩托车素材 06.jpg"素材文件，将其拖曳至 V3 视频轨道中，使其开始处与时间线对齐，结尾处与 V2 视频轨道中的"摩托车素材 05.jpg"素材的结尾处对齐。在【效果】面板中搜索并选中【裁剪】效果，将其拖曳至 V3 视频轨道中的"摩托车素材 06.jpg"素材上，选中该素材，在【效果控件】面板中将【缩放】设置为 11，【位置】设置为 0、288，将【裁剪】下的【左侧】【顶部】【右侧】【底部】分别设置为 49、0、21、0，如图 3-29 所示。

（14）在【效果】面板中搜索并选中【交叉溶解】过渡效果，将其拖曳至 V3 视频轨道中的"摩托车素材 06.jpg"素材的开始处，并使用同样的方法制作其他内容，如图 3-30 所示。

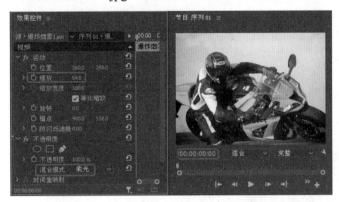

图 3-27

图 3-28

图 3-29

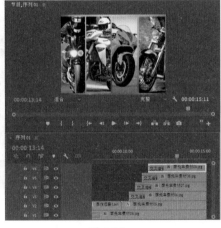

图 3-30

案例精讲 057　**家居过渡动画**

家居过渡动画重在体现家居装饰的展示效果。本案例中的家居过渡动画主要通过输入文字并进行设置，制作出主题名称，最后通过为文字与素材图片添加视频过渡效果，使文字与素材图片产生切换效果，从而制作出家居的展示视频，效果如图 3-31 所示。

图 3-31

（1）新建项目文件和 DV-PAL 选项组中的【标准 48kHz】序列文件，在【项目】面板中导入"素材 \Cha03\ 家居素材 01.jpg ～家居素材 05.jpg、家居素材 06.mp4"素材文件，如图 3-32 所示。

（2）确认当前时间为 00:00:00:00，在【项目】面板中选择"家居素材 01.jpg"素材文件，按住鼠标左键将其拖曳至 V1 视频轨道中，将其开始处与时间线对齐，将其【持续时间】设置为 00:00:08:18。选中轨道中的素材文件，在【效果控件】面板中将【位置】设置为 285、288，将【缩放】设置为 41，在【效果】面板中搜索【白场过渡】效果，按住鼠标左键将其拖曳至 V1 视频轨道中的"家居素材 01.jpg"的开始处，如图 3-33 所示。

图 3-32

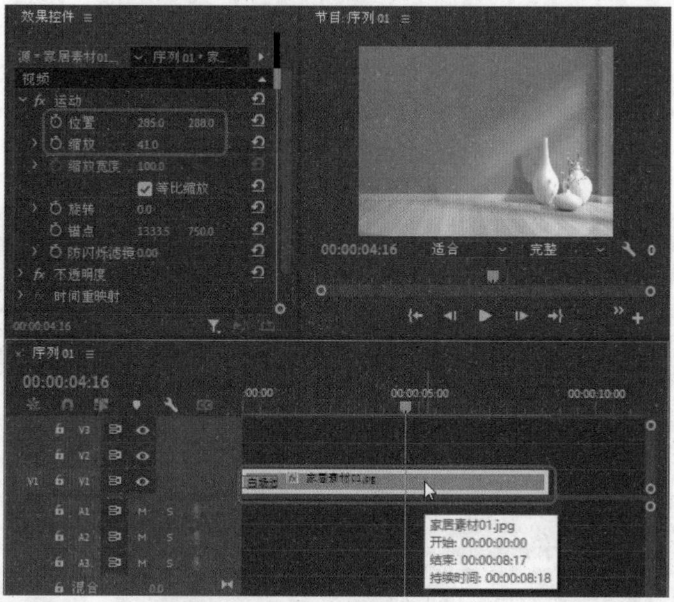

图 3-33

（3）将当前时间设置为 00:00:01:00，选择【文字工具】，单击鼠标输入文字，将【字体】设置为【汉仪竹节体简】，【字体大小】设置为 80，【填充】设置为白色，【字距调整】设置为 120，【位置】设置为 57.6、222.5，如图 3-34 所示。

（4）将文本的【持续时间】设置为 00:00:07:18，在【效果控件】面板中将【矢量运动】|【位置】设置为 360、48，【不透明度】设置为 0，单击【位置】【不透明度】左侧的【切换动画】按钮，如图 3-35 所示。

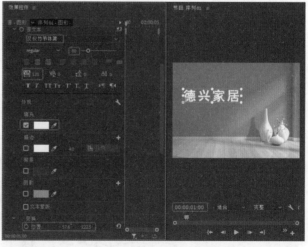

图 3-34

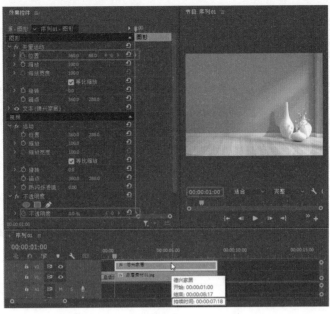

图 3-35

（5）将当前时间设置为00:00:03:00，在【效果控件】面板中将【位置】设置为360、288，将【不透明度】设置为100%，如图3-36所示。

（6）将当前时间设置为00:00:01:00，选择【文字工具】T，单击鼠标输入文字，将【字体】设置为Clarendon BT，【字体大小】设置为39，【字距调整】设置为0，【填充】设置为白色，【位置】设置为68.5、278.2，如图3-37所示。

图 3-36

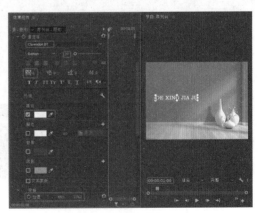

图 3-37

（7）使其开始处与时间线对齐，将【持续时间】设置为00:00:07:18，在【效果控件】面板中将【矢量运动】|【位置】设置为360、437，将【不透明度】设置为0，单击【位置】【不透明度】左侧的【切换动画】按钮，如图3-38所示。

（8）将当前时间设置为00:00:03:00，在【效果控件】面板中将【位置】设置为360、288，【不透明度】设置为100%，如图3-39所示。

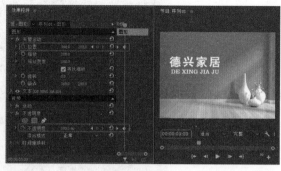

图 3-38　　　　　　　　　　　　　　　　　图 3-39

（9）将当前时间设置为 00:00:03:05，选择【文字工具】 **T** ，单击鼠标输入文字，将【字体】设置为【汉仪综艺体简】，【字体大小】设置为 35，【填充】设置为白色，【位置】设置为 89.3、382.9，如图 3-40 所示。

（10）自动创建 V4 视频轨道，使其开始处与时间线对齐，将其【持续时间】设置为 00:00:05:13，在【效果】面板中搜索【划出】效果，将其拖曳至 V4 视频轨道中文本的开始处，如图 3-41 所示。

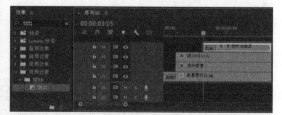

图 3-40　　　　　　　　　　　　　　　　　图 3-41

（11）将当前时间设置为 00:00:03:18，选择【文字工具】 **T** ，单击鼠标输入文字，将【字体】设置为【汉仪综艺体简】，【字体大小】设置为 35，【填充】设置为白色，【位置】设置为 243.2、454.1，如图 3-42 所示。

（12）自动创建 V5 视频轨道，使其开始处与时间线对齐，并在轨道中选中该字幕，将【持续时间】设置为 00:00:05:00，在【效果】面板中搜索【内滑】效果，将其拖曳至 V5 视频轨道中文本的开始处，如图 3-43 所示。

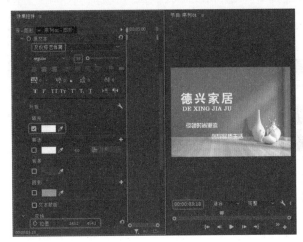

图 3-42   图 3-43

（13）将当前时间设置为 00:00:08:18，在【项目】面板中将"家居素材 02.jpg"拖曳至 V1 视频轨道中，使其开始处与时间线对齐，并在轨道中选中该素材，将【持续时间】设置为 00:00:03:20。在【效果控件】面板中将【缩放】设置为 54，在【效果】面板中搜索【白场过渡】效果，将其拖曳至 V1 视频轨道中的"家居素材 01.jpg"与"家居素材 02.jpg"素材之间，如图 3-44 所示。

（14）使用同样的方法，将其他素材添加至轨道中，设置参数并向素材之间添加过渡效果，如图 3-45 所示。

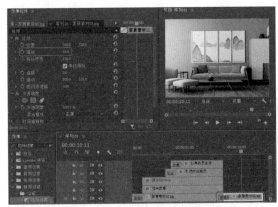

图 3-44   图 3-45

（15）将当前时间设置为 00:00:01:00，在【项目】面板中选择"家居素材 06.mp4"素材文件，按住鼠标左键将其拖曳至 V5 视频轨道上方，释放鼠标后自动创建 V6 视频轨道，将其开始处与时间线对齐，将【持续时间】设置为 00:00:22:23，如图 3-46 所示。

（16）选择 V6 视频轨道中的"家居素材 06.mp4"素材文件，在【效果控件】面板中将【缩放】设置为 54，【混合模式】设置为【滤色】，如图 3-47 所示。

图 3-46

图 3-47

案例精讲 058　　**宠物店宣传视频**

本案例将介绍如何制作宠物店宣传视频，通过为素材添加合适的过渡效果，从而展现出素材图片中宠物们的可爱之处，效果如图 3-48 所示。

图 3-48

（1）新建项目文件和 DV-PAL 下的【标准 48kHz】序列文件，在【项目】面板中导入"素材 \Cha03\ 宠物素材 01.jpg ～宠物素材 07.jpg、宠物素材 08.mov、宠物文字 .png"素材文件。选择【项目】面板中的"宠物素材 01.jpg"文件，将其拖曳至 V1 视频轨道中，将【持续时间】设置为 00:00:03:12，如图 3-49 所示。

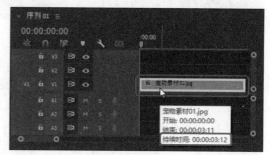

图 3-49

（2）在【效果】面板中搜索 Color Pass 效果，将其拖曳至视频轨道中的素材上。选择轨道中的素材文件，将当前时间设置为 00:00:00:00，在【效果控件】面板中将【缩放】设置为 77，将 Color Pass 下的 Similarity 设置为 8，单击其左侧的【切换动画】按钮，将 Color 设置为 255、0、0，如图 3-50 所示。

图 3-50

（3）将当前时间设置为 00:00:01:00，在【效果控件】面板中将 Color Pass 下的 Similarity 设置为 100，如图 3-51 所示。

图 3-51

（4）将当前时间设置为 00:00:01:00，在【项目】面板中选择"宠物文字 .png"素材文件，按住鼠标左键将其拖曳至 V2 视频轨道中，使其开始处与时间线对齐，将【持续时间】设置为 00:00:03:00。在【效果】面板中搜索【交叉溶解】效果，将其拖曳至 V2 视频轨道中"宠物文字 .png"的开始处，如图 3-52 所示。

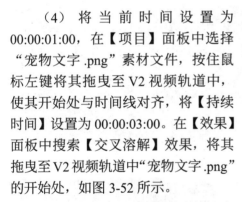
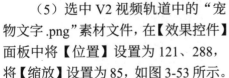

图 3-52

（5）选中 V2 视频轨道中的"宠物文字 .png"素材文件，在【效果控件】面板中将【位置】设置为 121、288，将【缩放】设置为 85，如图 3-53 所示。

图 3-53

（6）在【项目】面板中选择"宠物素材 02.jpg"素材文件，按住鼠标左键将其拖曳至 V1 视频轨道中，使其开始处与"宠物素材 01.jpg"结尾处对齐，【持续时间】设置为 00:00:03:00。在【效果】面板中搜索并选中【插入】效果，将其拖曳至 V1 视频轨道中两个素材之间，将当前时间设置为 00:00:03:00，并选中轨道中的"宠物素材 02.jpg"，在【效果控件】面板中单击【缩放】左侧的【切换动画】按钮■，如图 3-54 所示。

图 3-54

（7）将当前时间设置为 00:00:05:00，在【效果控件】面板中将【缩放】设置为 77，如图 3-55 所示。

图 3-55

（8）在【效果】面板中选中【插入】效果，将其拖曳至 V2 视频轨道中"宠物文字 .png"的结尾处，如图 3-56 所示。

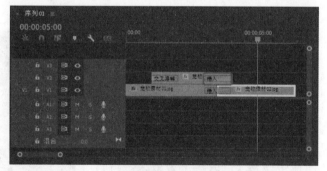

图 3-56

（9）将当前时间设置为 00:00:04:00，使用【文字工具】输入文字，并选中文字，将【字体】设置为【方正少儿简体】，【字体大小】设置为 58，将【填充】下的【颜色】设置为 #905B51，选中【描边】复选框，将【类型】设置为【外侧】，将【描边宽度】设置为 4，【颜色】设置为白色，将【变换】下的【旋转】设置为 353，【位置】设置为 447.9、539.5，使其开始处与 V3 轨道的时间线对齐，将【持续时间】设置为 00:00:12:12，如图 3-57 所示。

图 3-57

（10）在【效果】面板中搜索【随机块】效果，按住鼠标左键将其拖曳至 V3 视频轨道中字幕的开始处，如图 3-58 所示。

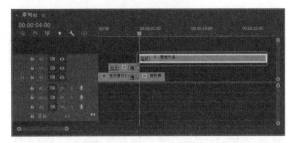

图 3-58

（11）在【项目】面板中，将"宠物素材 03.jpg"拖曳至 V1 视频轨道中，使其开始处与"宠物素材 02.jpg"结尾处对齐，【持续时间】设置为 00:00:02:00。将当前时间设置为 00:00:06:12，并选中轨道中的"宠物素材 03.jpg"，在【效果控件】面板中将【缩放】设置为 77，如图 3-59 所示。

图 3-59

（12）在【效果】面板中选中【风车】效果，将其拖曳至 V1 视频轨道中的"宠物素材 02.jpg"与"宠物素材 03.jpg"之间，如图 3-60 所示。

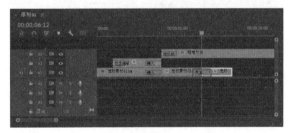

图 3-60

（13）在【项目】面板中，将"宠物素材 04.jpg"拖曳至 V1 视频轨道中，使其开始处与"宠物素材 03.jpg"结尾处对齐，【持续时间】设置为 00:00:02:00。在【效果】面板中选中【划出】效果，将其拖曳至 V1 视频轨道中的"宠物素材 03.jpg"与"宠物素材 04.jpg"之间，在【效果控件】面板中将【缩放】设置为 77，如图 3-61 所示。

图 3-61

（14）在【项目】面板中，将"宠物素材 05.jpg"拖曳至 V1 视频轨道中，使其开始处与"宠物素材 04.jpg"结尾处对齐，将【持续时间】设置为 00:00:02:00，在【效果控件】面板中将【缩放】设置为 77，如图 3-62 所示。

（15）在【效果】面板中选中【交叉划像】效果，并将其拖曳至 V1 视频轨道中的"宠物素材 04.jpg"与"宠物素材 05.jpg"素材之间，如图 3-63 所示。

图 3-62

图 3-63

（16）在【项目】面板中，将"宠物素材06.jpg"拖曳至V1视频轨道中，使其开始处与"宠物素材05.jpg"结尾处对齐，将【持续时间】设置为00:00:02:00，在【效果控件】面板中将【缩放】设置为77，如图3-64所示。

（17）根据前面介绍的方法为其他素材文件添加过渡效果，如图3-65所示。

图 3-64

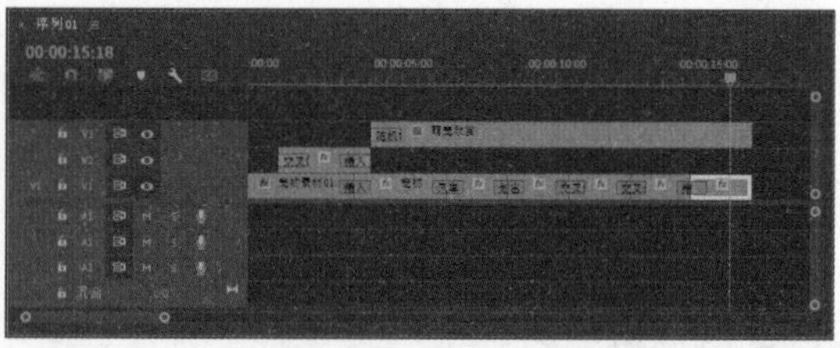

图 3-65

（18）将当前时间设置为00:00:00:00，在【项目】面板中选择"宠物素材08.mov"素材文件，按住鼠标左键将其拖曳至V3视频轨道上，释放鼠标，自动创建V4视频轨道，将其开始处与时间线对齐，将【持续时间】设置为00:00:16:11。在【效果控件】面板中将【混合模式】设置为【滤色】，如图3-66所示。

图 3-66

案例精讲 059　　**父爱永恒过渡动画【视频案例】**

本案例主要通过为背景添加过渡效果，使观看者感受到其中的氛围，效果如图 3-67 所示。

图 3-67

案例精讲 060　　**甜蜜恋人过渡动画【视频案例】**

本案例将介绍如何将照片制作成甜蜜恋人过渡动画。在本案例中主要利用【叠加溶解】【交叉溶解】【百叶窗】【带状擦除】等效果为视频及照片添加过渡，使动画看起来更加自然流畅，效果如图 3-68 所示。

图 3-68

案例精讲 061　咖啡过渡动画【视频案例】

　　本案例首先对视频素材进行裁剪，然后通过视频过渡中的【交叉溶解】过渡效果为视频添加过渡动画，使视频之间切换自然，部分效果如图 3-69 所示。

图 3-69

第04章 字幕制作技巧

本章导读：

　　一般在一个完整的影视节目中，字幕和声音一样都是必不可少的。字幕可以帮助影片更全面地展现其信息内容，起到解释画面、补充内容等作用。本章主要介绍如何通过字幕编辑器提供的各种文字编辑、属性设置及绘图功能进行字幕的制作。

案例精讲 062　　**动态旋转字幕**

　　本案例主要通过对文字的缩放和旋转角度进行调整，从而达到更好的效果。不仅需要考虑到该动态旋转字幕的美观性，还需要为其搭配相应的背景图片，最终制作出动态旋转字幕，如图 4-1 所示。

图 4-1

　　（1）新建项目文件和 DV-PAL 选项组下的【标准 48kHz】序列文件，在【项目】面板中的空白位置处双击鼠标左键，在弹出的对话框中选择"素材 \Cha04\ 动态旋转字幕背景 .jpg"素材文件，单击【打开】按钮。导入素材后可以在【项目】面板中观察素材文件，如图 4-2 所示。

　　（2）选择【项目】面板中的"动态旋转字幕背景 .jpg"素材文件，将其拖曳至 V1 视频轨道中，选择添加的素材文件，切换至【效果控件】面板，将【运动】选项组下的【位置】设置为 360、296，【缩放】设置为 77，如图 4-3 所示。

图 4-2　　　　　　　　　　　　　　　　图 4-3

　　（3）使用【垂直文字工具】![T]输入文字"爱情"，选中文字，将【字体】设置为【方正隶变简体】，【字体大小】设置为 38，将【填充】选项组下的【颜色】设置为 # FFF600，【位置】设置为 170.8、60.7，如图 4-4 所示。

　　（4）使用【文字工具】![T]输入文字，选中输入的文字，将【字体】设置为【方正美黑简体】，【字体大小】设置为 79，【字距调整】设置为 −113，将【填充】选项组下的【颜色】设置为 # FFF600，在【变换】下设置【位置】为 180.8、127.2，如图 4-5 所示。

图 4-4

图 4-5

（5）选中"爱情"文本，将当前时间设置为 00:00:00:00，切换至【效果控件】面板中，将【矢量运动】选项组下的【缩放】设置为 0，单击【缩放】【旋转】左侧的【切换动画】按钮 ，如图 4-6 所示。

（6）将当前时间设置为 00:00:02:12，在【效果控件】面板中将【矢量运动】选项组下的【缩放】设置为 100，【旋转】设置为 1×0.0°，如图 4-7 所示。

图 4-6

图 4-7

（7）使用同样的方法设置"越单纯越幸福"文本的缩放和旋转关键帧参数。

案例精讲 063 **带辉光效果的字幕**

本案例通过使用【文字工具】输入文本，设置文字的字体与位置，再对字体进行颜色上的替换。这不仅需要考虑到该带辉光效果字幕的美观性，还需要为其搭配相应的背景图片，以达到更好的效果。带辉光效果的字幕如图 4-8 所示。

图 4-8

（1）新建项目文件和 DV-24P 选项组下的【标准 48kHz】序列文件，在【项目】面板中的空白位置处双击鼠标左键，在弹出的对话框中选择"素材 \Cha04\ 森林背景 .jpg"素材文件，单击【打开】按钮。导入素材后可以在【项目】面板中观察素材文件，如图 4-9 所示。

（2）选择【项目】面板中的"森林背景 .jpg"素材文件，将其拖曳至 V1 视频轨道中，将【持续时间】设置为 00:00:05:00。切换至【效果控件】面板，将【运动】选项组下的【位置】设置为 275、288，【缩放】设置为 54，如图 4-10 所示。

图 4-9　　　　　　　　　　　　　　　　图 4-10

（3）使用【文字工具】 T 输入文字，选中输入的文字，将【字体】设置为 Stencil Std，【字体大小】设置为 120，【字距调整】设置为 135，分别设置文本【颜色】为 #FF6600、#0079F4、#FF00F0、#00A6EB、#0BB507，如图 4-11 所示。

（4）选中【阴影】复选框，将【颜色】设置为 #E8FF6A，【不透明度】设置为 100%，【角度】设置为 90°，【距离】设置为 0°，【大小】设置为 8.6，【模糊】设置为 33，将【位置】设置为 95.1、156.2，将文本的【持续时间】设置为 00:00:05:00，如图 4-12 所示。

图 4-11　　　　　　　　　　　　　　　　图 4-12

提示：
文字工具：使用该工具可以输入文字，是制作字幕的主要工具之一。

案例精讲 064　　**字幕排列**

本案例通过对素材设置合适的大小与位置，然后使用【文字工具】输入文本，并设置字体、位置及颜色，效果如图 4-13 所示。

图 4-13

（1）新建项目，按 Ctrl+N 组合键，弹出【新建序列】对话框，在【序列预设】选项卡的【可用预设】选项组中选择 DV-PAL |【标准 48kHz】选项，单击【确定】按钮。在【项目】面板中双击鼠标左键，在弹出的对话框中选择"素材 \Cha04\ 字幕排列 .jpg"素材文件，选择"字幕排列 .jpg"素材文件，单击【打开】按钮。在【项目】面板中即可查看导入的素材，如图 4-14 所示。

（2）在【项目】面板中选择添加的素材文件，按住鼠标左键将其拖曳至 V1 轨道中，选中该轨道中的素材文件，在【效果控件】面板中将【缩放】设置为 45，如图 4-15 所示。

图 4-14

图 4-15

（3）使用【文字工具】输入文字"春"，选中输入的文字，将【字体】设置为【汉仪秀英体简】，【字体大小】设置为 90，【填充】设置为 # 2CBB00，选中【描边】复选框，将【类型】设置为【外侧】，【大小】设置为 3，【颜色】设置为 #FFFFFF，如图 4-16 所示。

（4）选中【阴影】复选框，将【颜色】设置为白色，将【不透明度】【角度】【距离】【大小】【模糊】分别设置为 100%、45°、3、0、21，如图 4-17 所示。

图 4-16　　　　　　　　　　　　　　　　　图 4-17

（5）继续选中该文字，在【变换】选项组中将【位置】设置为 254.7、155.5，如图 4-18 所示。

（6）选中该文字，按住 Alt 键拖动鼠标，对选中的文字进行复制。选中复制后的文字，将其修改为"意"，将【位置】设置为 340.7、246.5，如图 4-19 所示。

图 4-18　　　　　　　　　　　　　　　　　图 4-19

案例精讲 065　中英文字幕

本案例通过对素材设置合适的大小，然后使用【文字工具】输入文本，设置文字的阴影与颜色。这不仅需要考虑到素材与背景的选择，还需要为其搭配合适的字体，以达到更好的效果，从而制作出中英文字幕效果，如图 4-20 所示。

图 4-20

（1）新建项目文件和 DV-24P 下的【标准 48kHz】序列文件，在【项目】面板的空白位置处双击鼠标左键，在弹出的对话框中选择"素材 \Cha04\ 背景 .jpg"素材文件，单击【打开】按钮。导入素材后可以在【项目】面板中观察素材文件，如图 4-21 所示。

（2）选择"背景 .jpg"素材文件，将其拖曳到 V1 轨道中，选择添加的素材文件，打开【效果控件】面板，将【运动】下的【缩放】设置为 65，如图 4-22 所示。

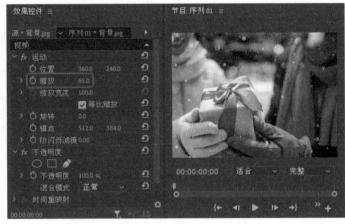

图 4-21　　　　　　　　　　　　　　　　　　　图 4-22

（3）选择【文字工具】输入文字"爱"，将【字体】设置为【方正行楷简体】，【字体大小】设置为 150，在【填充】选项组中将【填充类型】设置为【线性渐变】，将第一个色标的颜色设置为 #C1A961，第二个色标的颜色设置为 #F5E19E，并适当调整色标的位置，如图 4-23 所示。

（4）选中【阴影】复选框，将【颜色】设置为 #FD1F00，【不透明度】设置为 89%，【角度】设置为 90°，将【距离】设置为 0，【大小】设置为 14，【模糊】设置为 63，适当调整位置，将【持续时间】设置为 00:00:05:00，如图 4-24 所示。

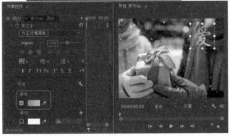

图 4-23　　　　　　　　　　　　　　　　　　　图 4-24

（5）选中"爱"文字，按住 Alt 键拖动鼠标，对选中的文字进行复制，然后将复制的文字"爱"修改为 Love。选择修改的文字，将【字体】设置为 Bell MT，【字体样式】设置为 Italic，【字体大小】设置为 55，【字距调整】设置为 5，使用【选择工具】对中英文字进行适当调整，如图 4-25 所示。

（6）将【阴影】选项下方的【大小】设置为 10，如图 4-26 所示。

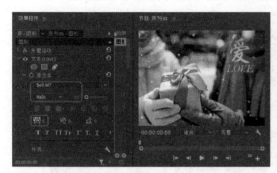 

图 4-25　　　　　　　　　　　　　　　　图 4-26

案例精讲 066　　阴影效果字幕

本案例对素材设置合适的缩放比例与位置，然后使用【文字工具】输入文本，再对背景与文字添加阴影效果，最终制作出阴影效果字幕，如图 4-27 所示。

图 4-27

（1）新建项目文件和 DV-24P 选项组下的【标准 48kHz】序列文件，在【项目】面板的空白位置处双击鼠标左键，在弹出的对话框中选择"素材 \Cha04\ 阴影背景 .jpg、雪花 .png、雪花 02.png"素材文件，单击【打开】按钮。导入素材后可以在【项目】面板中观察素材文件，如图 4-28 所示。

（2）选择"阴影背景 .jpg"素材文件，将其拖曳到 V1 视频轨道中。切换至【效果控件】面板，将【运动】选项组下的【缩放】设置为 21，【位置】设置为 360、240，如图 4-29 所示。

图 4-28

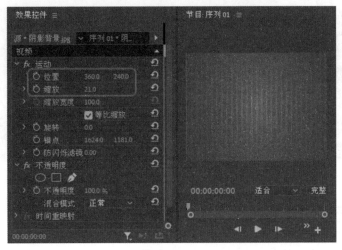
图 4-29

（3）使用【文字工具】输入文字"HARD"，选中文字，将【字体】设置为 Snap ITC，【字体大小】设置为 170，【字距调整】设置为 0，将【填充】选项组下的颜色设置为 # FF0000，如图 4-30 所示。

（4）选中【描边】复选框，将【类型】设置为【内侧】，【大小】设置为 6，【颜色】设置为 # FFFFFF，选中【阴影】复选框，将【颜色】设置为黑色，【不透明度】设置为 35%，【角度】设置为 50°，【距离】设置为 10，【大小】设置为 0，【模糊】设置为 30，在【变换】选项组中将【位置】设置为 53.2、296.8，将文本【持续时间】设置为 00:00:05:00，如图 4-31 所示。

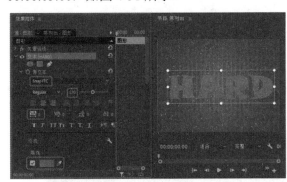
图 4-30

图 4-31

（5）将【项目】面板中的"雪花 .png"素材文件，按住鼠标左键拖曳至 V3 轨道中。切换至【效果控件】面板，将【运动】选项组下的【缩放】设置为 40，【位置】设置为 167、190，如图 4-32 所示。

（6）将【项目】面板中的"雪花 02.png"素材文件，按住鼠标左键拖曳至 V4 轨道中。切换至【效果控件】面板，将【运动】选项组中的【缩放】设置为 27，【位置】设置为 634、157，如图 4-33 所示。

图 4-32

图 4-33

案例精讲 067　镂空文字

本案例先将背景素材拖曳至视频轨道中，并对该素材设置合适的大小与位置，然后使用【文字工具】输入文本，对文字设置填充与外描边效果，如图 4-34 所示。

图 4-34

（1）新建项目和 DV-PAL |【标准 48kHz】序列文件，在【项目】面板中的【名称】区域下空白位置处双击鼠标左键，在弹出的对话框中选择 "素材 \Cha04\ 镂空文字背景 .jpg" 素材文件，单击【打开】按钮，在【项目】面板中即可预览效果，如图 4-35 所示。

（2）将 "镂空文字背景 .jpg" 素材文件拖曳至【序列 01】中的 V1 轨道上，在【效果控件】面板中将【缩放】设置为 75，如图 4-36 所示。

图 4-35

图 4-36

（3）使用【文字工具】输入文字"HIGH SCORE"，将【字体】设置为 Impact，【字体大小】设置为 113，取消选中【填充】复选框，选中【描边】复选框，将【颜色】设置为 # C0C0C0，【类型】设置为【外侧】，【描边宽度】设置为 5，如图 4-37 所示。

（4）选中【阴影】复选框，将【颜色】设置为 #B3B3B3，【不透明度】设置为 35%，【角度】设置为 50°，【距离】设置为 10，【大小】设置为 0，【模糊】设置为 30，在【变换】选项组中将【位置】设置为 220.7、335.9，如图 4-38 所示。

 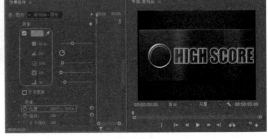

图 4-37　　　　　　　　　　　　　　　　　图 4-38

案例精讲 068　木板文字

本案例通过对素材设置合适的大小，然后使用【文字工具】输入文本，对文字添加【斜面 Alpha】效果，最终制作出木板文字效果，如图 4-39 所示。

图 4-39

（1）新建项目和 DV-PAL |【标准 48kHz】序列文件，在【项目】面板中的【名称】区域下空白位置处双击鼠标左键，在弹出的对话框中选择"素材 \Cha04\ 木板文字背景 .jpg"素材文件，单击【打开】按钮，在【项目】面板中即可预览效果，如图 4-40 所示。

（2）确认当前时间为 00:00:00:00，将"木板文字背景 .jpg"素材文件拖曳至【序列 01】中的 V1 轨道上，在【效果控件】面板中将【缩放】设置为 88，如图 4-41 所示。

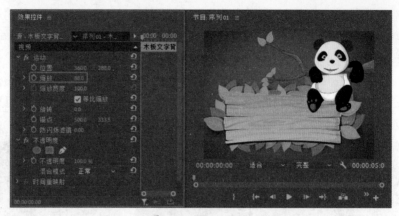

图 4-40 图 4-41

（3）使用【文字工具】输入文字"ZOO"，将【字体】设置为【方正少儿简体】，【字体大小】设置为 120，在【颜色】选项组中将【填充】设置为 #C8B9AA，取消选中【描边】【阴影】复选框，适当调整文本位置，如图 4-42 所示。

（4）切换到【效果控件】面板中，将【不透明度】下的【混合模式】设置为【相乘】。切换到【效果】面板中，搜索【斜面 Alpha】效果，在【效果控件】面板中选择【斜面 Alpha】选项，将【边缘厚度】设置为 3，【光照角度】设置为 120°，【光照颜色】设置为 215、215、215，【光照强度】设置为 0.4，将设置完成的场景保存，如图 4-43 所示。

图 4-42 图 4-43

案例精讲 069　　**在视频中添加字幕**

本例将介绍为视频添加字幕的方法，首先导入需要添加的视频素材文件，将其拖曳至 V1 轨道中，接着创建视频需要的字幕，并将其添加到 V2 轨道中，然后设置合适的持续时间以得到想要的效果，如图 4-44 所示。

图 4-44

（1）新建项目文件，按 Ctrl+N 组合键，弹出【新建序列】对话框，切换至【设置】选项卡，将【编辑模式】设置为【自定义】，【时基】设置为 23.976 帧 / 秒，【帧大小】设置为 720，【水平】设置为 380，【像素长宽比】设置为 D1/DV NTSC（0.9091），单击【确定】按钮，如图 4-45 所示。

（2）在【项目】面板中双击鼠标左键，在弹出的对话框中选择"素材 \Cha04\ 卡通城堡 .mp4"素材文件，单击【打开】按钮，在【项目】面板中可预览效果，如图 4-46 所示。

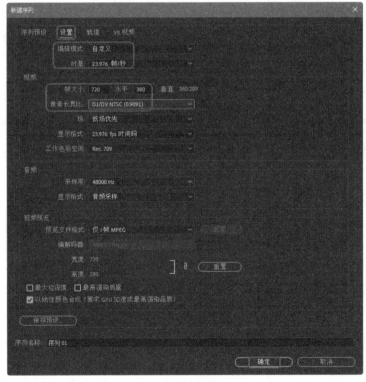

图 4-45

图 4-46

（3）将导入的素材拖曳至 V1 轨道中，选中该素材文件，在【效果控件】面板中将【缩放】设置为 36，如图 4-47 所示。

（4）使用【文字工具】输入文字"卡通城堡"，将【字体】设置为【华文行楷】，【字体大小】设置为 44，【字距调整】设置为 7，将【填充】选项组下的【颜色】设置为 #FF1FA3，如图 4-48 所示。

图 4-47　　　　　　　　　　　　　　　图 4-48

（5）选中【阴影】复选框，将【颜色】设置为白色，【不透明度】设置为 100%，【角度】设置为 45°，【距离】设置为 0，【大小】设置为 4，【模糊】设置为 65，在【变换】选项组中设置【位置】为 421.8、362，如图 4-49 所示。

（6）将文本的结尾处与"卡通城堡 .mp4"的结尾处对齐，在【节目】面板中可查看效果，如图 4-50 所示。

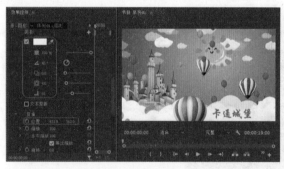

图 4-49　　　　　　　　　　　　　　　图 4-50

◆◆◆◆◆◆◆◆
案例精讲 070　**数字化字幕**

本案例首先对素材设置合适的大小，接着使用【文字工具】输入文本，并对文字添加【外描边】和【阴影】效果，然后对字幕添加关键帧效果，最终制作出数字化字幕，如图 4-51 所示。

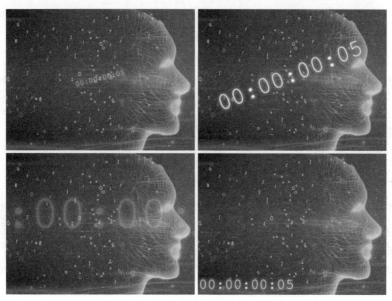

图 4-51

（1）新建项目文件和 DV-PAL 选项组下的【标准 48kHz】序列文件，在【项目】面板的空白位置处双击鼠标左键，在弹出的对话框中选择"素材 \Cha04\ 数字化字幕背景 .jpg"素材文件，单击【打开】按钮。导入素材后可以在【项目】面板中观察素材文件，如图 4-52 所示。

（2）选择【项目】面板中的"数字化字幕背景 .jpg"素材文件，将其拖曳到 V1 轨道中，将【持续时间】设置为 00:00:06:03，并选择添加的素材文件，切换至【效果控件】面板，将【运动】选项组下的【缩放】设置为 143，如图 4-53 所示。

图 4-52　　　　　　　　　　　　　　　　图 4-53

（3）使用【文字工具】 輸入文本，将【持续时间】设置为 00:00:06:03，将【字体】设置为 Courier New，【字体大小】设置为 100，【字距调整】设置为 0，【填充】设置为白色，选中【描边】复选框，将【颜色】设置为 #00B2FF，【类型】设置为【外侧】，【描边宽度】设置为 1.2，如图 4-54 所示。

（4）选中【阴影】复选框，将【颜色】设置为 #00B2FF，【不透明度】设置为 100%，【角度】设置为 45°，【距离】设置为 0，【大小】设置为 4，【模糊】设置为 65，【位置】设置为 56.8、295.6，如图 4-55 所示。

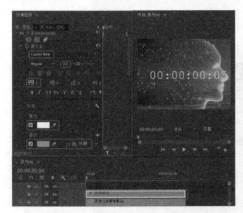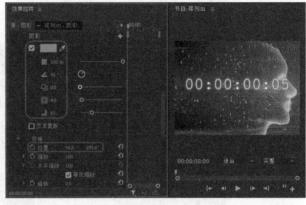

图 4-54   图 4-55

（5）确认时间在 00:00:00:00 处，将【缩放】设置为 0，单击【缩放】和【旋转】左侧的【切换动画】按钮 ，添加关键帧，如图 4-56 所示。

（6）将当前时间设置为 00:00:02:00，将【缩放】设置为 100，【旋转】设置为 3×0.0°，单击【不透明度】左侧的【切换动画】按钮 ，如图 4-57 所示。

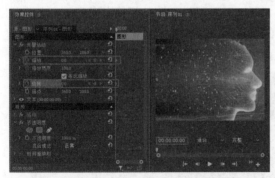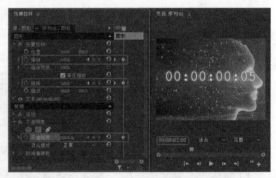

图 4-56   图 4-57

（7）将当前时间设置为 00:00:03:00，将【缩放】设置为 230，【不透明度】设置为 0，如图 4-58 所示。

（8）将当前时间设置为 00:00:04:00，将【缩放】设置为 100，【不透明度】设置为 100%，如图 4-59 所示。

（9）将当前时间设置为 00:00:05:00，单击【位置】左侧的【切换动画】按钮 ，单击【缩放】右侧的【添加 / 移除关键帧】按钮 ，如图 4-60 所示。

（10）将当前时间设置为 00:00:06:00，将【位置】设置为 185.2、547.2，【缩放】设置为 60，如图 4-61 所示。

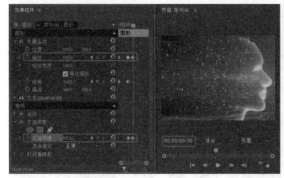

图 4-58　　　　　　　　　　　　　　图 4-59

图 4-60　　　　　　　　　　　　　　图 4-61

案例精讲 071　　卷展画效果【视频案例】

　　视频以卷展的方式打开一幅图像，展示其中的内容，卷展效果的字幕重在体现古韵的效果。本案例主要通过新建字幕，使用【文字工具】输入文字，选择合适的字体，并为素材图片添加合适的特效，最终制作出卷展画效果，如图 4-62 所示。

图 4-62

案例精讲 072　　浮雕文字效果【视频案例】

　　本案例通过【文字工具】输入文字，对文字上添加【斜面 Alpha】效果，设置文字颜色与背景的搭配，最终制作出浮雕文字效果，如图 4-63 所示。

图 4-63

第 05 章　影视照片处理技巧

本章导读：

　　在前面的章节学习中，相信读者对 Premiere Pro 已经有了简单的了解，本章将对照片、图片的处理进行深入地讲解。通过本章的学习，可让读者在制作案例时更得心应手。

案例精讲 073 　效果图展览

　　本案例讲解如何制作效果图预览视频，首先创建需要的字幕，选择需要展览的效果图片素材，再通过在【效果控件】面板中设置主预览区域，然后对图片滚动区域中的素材图片添加【位置】和【不透明度】关键帧得到展览效果，如图 5-1 所示。

图 5-1

　　（1）新建项目文件和 DV-24P |【标准 48kHz】序列文件，打开【项目】面板，双击导入"素材 \Cha05\ 效果图展览"素材文件，单击【导入文件夹】按钮，如图 5-2 所示。

　　（2）在弹出的【导入】对话框中导入文件夹，双击鼠标打开文件素材箱，选择"背景 .jpg"文件并将其拖曳至 V1 轨道中，将【持续时间】设置为 00:00:03:03，在【效果控件】面板中将【缩放】设置为 42，如图 5-3 所示。

图 5-2 　　　　　　　　　　　　　　　　图 5-3

　　（3）选择"01.jpg"素材文件并将其拖曳至 V2 轨道中，将当前时间设置为 00:00:00:14，将 01.jpg 素材文件的结束处与时间线对齐，如图 5-4 所示。

　　（4）选择添加的"01.jpg"素材文件，将当前时间设置为 00:00:00:05，在【效果控件】面板中将【缩放】设置为 39，【不透明度】设置为 0，单击左侧的【切换动画】按钮，将当前时间设置为 00:00:00:08，将【不透明度】设置为 100%，如图 5-5 所示。

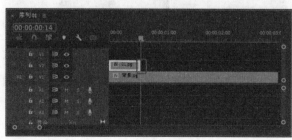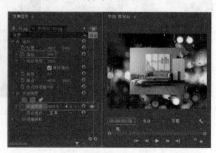

图 5-4 　　　　　　　　　　　　　　　　图 5-5

（5）将当前时间设置为 00:00:00:20，将"02.jpg"素材文件拖曳至 V2 轨道中，将其开始处与"01.jpg"素材文件的结束处对齐，结束处与时间线对齐，如图 5-6 所示。

（6）选择"02.jpg"素材文件，在【效果控件】面板中将【缩放】设置为 18.2，如图 5-7 所示。

图 5-6

图 5-7

（7）依次将"03.jpg ～ 08.jpg"素材文件拖曳至 V2 轨道中，将素材【持续时间】都设置为 00:00:00:06，并根据图片的大小设置相应的【缩放】参数，如图 5-8 所示。

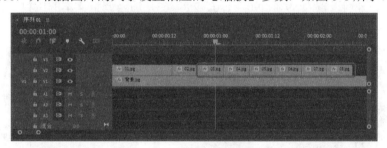

图 5-8

（8）将当前时间设置为 00:00:03:03，将"09.jpg"素材文件拖曳至 V2 轨道中，将其开始处与"08.jpg"素材文件的结束处对齐，将其结束处与时间线对齐，将【缩放】设置为 55，如图 5-9 所示。

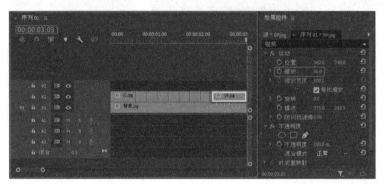

图 5-9

（9）打开【效果】面板，选择【交叉溶解】特效分别将其添加到两个素材之间，并将【持续时间】设置为 00:00:00:03，如图 5-10 所示。

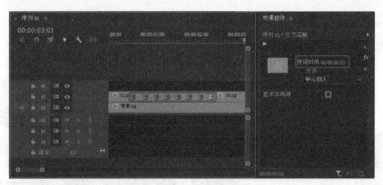

图 5-10

（10）将当前时间设置为 00:00:00:00，选择【垂直文字工具】，输入文字"锦华装饰"，将【字体】设置为【华文隶书】，【字体大小】设置为 90，【字距调整】设置为 -127，【填充类型】设置为【线性渐变】，将第一个色标的颜色设置为 #C1A961，第二个色标的颜色设置为 # F5E19E，如图 5-11 所示。

（11）选中【阴影】复选框，将阴影颜色设置为 #FD1F00，将【不透明度】【角度】【距离】【大小】【模糊】分别设置为 89%、90°、0、2.8、63，适当调整文本的位置，将【持续时间】设置为 00:00:03:03，如图 5-12 所示。

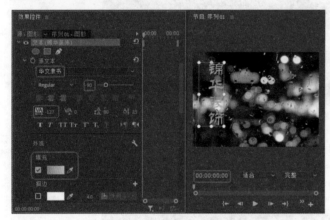

图 5-11

图 5-12

（12）选择【椭圆工具】绘制椭圆，将【填充】下的【填充类型】设置为【线性渐变】，将第一个色标的颜色设置为 #C1A961，第二个色标的颜色设置为 #F5E19E，适当调整图形的位置，将图形调整至 V4 轨道中，将【持续时间】设置为 00:00:03:03，如图 5-13 所示。

（13）按住 Alt 键拖动椭圆图形，将图形调整至 V5 轨道中，调整复制后的椭圆图形位置，如图 5-14 所示。

（14）将当前时间设置为 00:00:00:00，选择 V4 轨道中的图形，打开【效果控件】面板，将【运动】下的【位置】设置为 360、-120，并单击左侧的【切换动画】按钮，打开关键帧记录，将当前时间设置为 00:00:00:06，将【位置】设置为 360、364，如图 5-15 所示。

（15）将当前时间设置为 00:00:00:00，选择 V5 轨道中的图形，打开【效果控件】面板，将【运动】下的【位置】设置为 360、600，并单击左侧的【切换动画】按钮，打开关键帧记录，将当前时间设置为 00:00:00:06，将【位置】设置为 360、112，如图 5-16 所示。

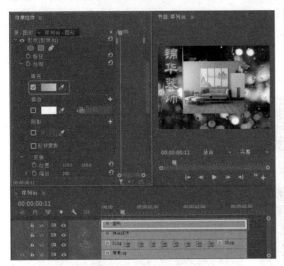

图 5-13　　　　　　　　　　　　　图 5-14

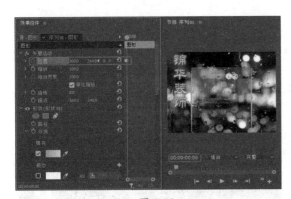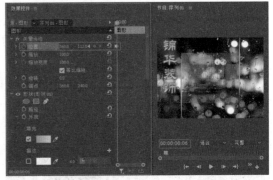

图 5-15　　　　　　　　　　　　　图 5-16

（16）确认当前时间为 00:00:00:00，将"02.jpg"素材文件拖曳至 V6 轨道中，将其开始处与时间线对齐，将其结束处与 V5 轨道中的图形结束处对齐，如图 5-17 所示。

（17）确认当前时间为 00:00:00:08，选择"02.jpg"素材文件，在【效果控件】面板中将【位置】设置为 640、500，并单击其左侧的【切换动画】按钮 🖭，打开关键帧记录，设置【缩放】为 7，如图 5-18 所示。

图 5-17　　　　　　　　　　　　　图 5-18

（18）将当前时间设置为 00:00:01:05，在【效果控件】面板中单击【不透明度】左侧的【切换动画】按钮，将当前时间设置为 00:00:01:10，设置【位置】为 640、100，将【不透明度】设置为 0，如图 5-19 所示。

（19）将当前时间设置为 00:00:00:14，将"03.jpg"素材文件拖曳至 V7 轨道中，将其开始处与时间线对齐，将其结束处与 02.jpg 素材文件结束处对齐，如图 5-20 所示。

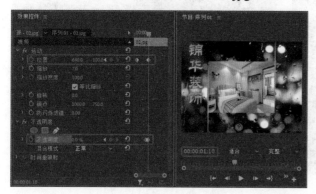

图 5-19   图 5-20

（20）将当前时间设置为 00:00:00:14，选择"03.jpg"素材文件，打开【效果控件】面板，将【位置】设置为 640、525，并单击其左侧的【切换动画】按钮，打开关键帧记录，将【缩放】设置为 17，如图 5-21 所示。

（21）将当前时间设置为 00:00:01:11，在【效果控件】面板中单击【不透明度】左侧的【切换动画】按钮，将当前时间设置为 00:00:01:16，设置【位置】为 640、100，将【不透明度】设置为 0，如图 5-22 所示。

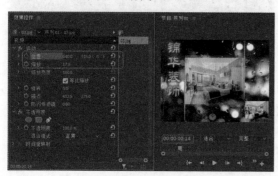

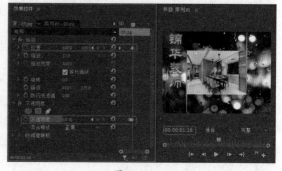

图 5-21   图 5-22

（22）设置当前时间为 00:00:00:20，将"04.jpg"素材文件拖曳至【序列】面板的 V8 轨道中，与时间线对齐，拖动其结束处与"03.jpg"素材文件的结束处对齐，如图 5-23 所示。

（23）确认"04.jpg"素材文件选中的情况下，激活【效果控件】面板，设置【位置】为 640、544，单击其左侧的【切换动画】按钮，打开动画关键帧的记录，设置【缩放】为 18，如图 5-24 所示。

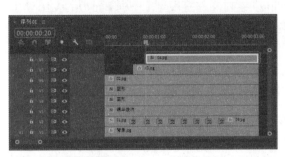 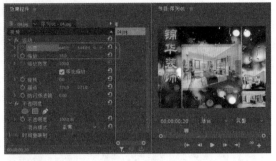

图 5-23　　　　　　　　　　　　　　　　图 5-24

（24）设置当前时间为 00:00:01:17，在【效果控件】面板中单击【不透明度】左侧的【切换动画】按钮，设置当前时间为 00:00:01:22，设置【运动】区域下的【位置】为 640、100，设置【不透明度】为 0，如图 5-25 所示。

（25）设置当前时间为 00:00:01:02，将"05.jpg"素材文件拖曳至【序列】面板的 V9 轨道中，将其开始处与时间线对齐，拖动其结束处与"04.jpg"素材文件的结束处对齐，如图 5-26 所示。

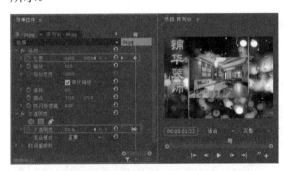 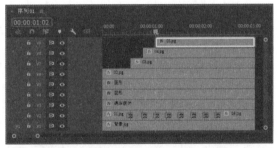

图 5-25　　　　　　　　　　　　　　　　图 5-26

（26）确认"05.jpg"素材文件选中的情况下，激活【效果】面板，设置【运动】区域下的【位置】为 640、546，单击其左侧的【切换动画】按钮，打开动画关键帧的记录，并将【缩放】设置为 6.5，如图 5-27 所示。

（27）设置当前时间为 00:00:01:23，在【效果控件】面板中单击【不透明度】左侧的【切换动画】按钮，将当前时间设置为 00:00:02:04，设置【运动】区域下【位置】为 640、100，设置【不透明度】为 0，如图 5-28 所示。

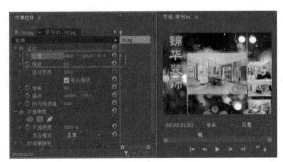 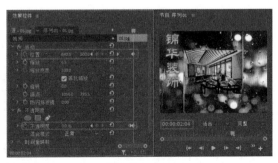

图 5-27　　　　　　　　　　　　　　　　图 5-28

（28）设置当前时间为 00:00:01:08，将"06.jpg"素材文件拖曳至【序列】面板的 V10 轨道中，将其开始处与时间线对齐，拖动其结束处与"05.jpg"素材文件的结束处对齐，如图 5-29 所示。

（29）确认"06.jpg"素材文件选中的情况下，激活【效果控件】面板，设置【运动】区域下的【位置】为 640、558，单击其左侧的【切换动画】按钮，打开动画关键帧的记录，设置【缩放】为 17，如图 5-30 所示。

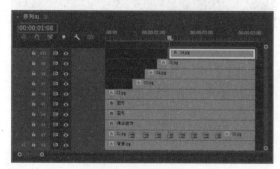

图 5-29   图 5-30

（30）设置当前时间为 00:00:02:05，在【效果控件】面板中单击【不透明度】左侧的【切换动画】按钮，将当前时间设置为 00:00:02:10，设置【运动】区域下的【位置】为 640、100，设置【不透明度】为 0，如图 5-31 所示。

（31）设置当前时间为 00:00:01:14，将"07.jpg"素材文件拖曳至【序列】面板的 V11 轨道中，将其开始处与时间线对齐，拖动其结束处与"06.jpg"素材文件的结束处对齐，如图 5-32 所示。

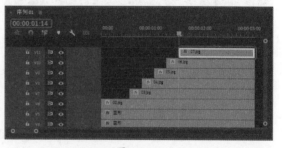

图 5-31   图 5-32

（32）确认"07.jpg"素材文件选中的情况下，激活【效果控件】面板，设置【运动】区域下的【位置】为 640、570，单击其左侧的【切换动画】按钮，打开动画关键帧的记录，设置【缩放】为 13.5，如图 5-33 所示。

（33）设置当前时间为 00:00:02:11，在【效果控件】面板中单击【不透明度】左侧的【切换动画】按钮，将当前时间设置为 00:00:02:16，设置【运动】区域下的【位置】为 640、100，设置【不透明度】为 0，如图 5-34 所示。

（34）设置当前时间为 00:00:01:20，将"08.jpg"素材文件拖曳至【序列】面板的 V12 轨道中，将其开始处与时间线对齐，拖动其结束处与"07.jpg"素材文件的结束处对齐，如图 5-35

所示。

　　（35）确认"08.jpg"素材文件选中的情况下，激活【效果控件】面板，设置【运动】区域下的【位置】为 640、582，单击其左侧的【切换动画】按钮，打开动画关键帧的记录，设置【缩放】为 4，如图 5-36 所示。

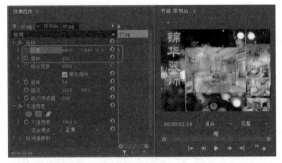

图 5-33

图 5-34

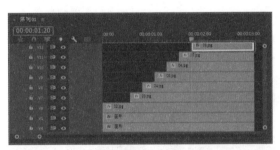

图 5-35

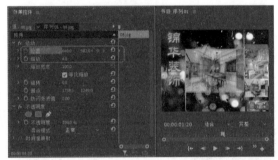

图 5-36

　　（36）设置当前时间为 00:00:02:17，在【效果控件】面板中单击【不透明度】左侧的【切换动画】按钮，将当前时间设置为 00:00:02:22，设置【运动】区域下的【位置】为 640、100，设置【不透明度】为 0，如图 5-37 所示。

　　（37）设置当前时间为 00:00:02:02，将"09.jpg"素材文件拖曳至【序列】面板的 V13 轨道中，将其开始处与时间线对齐，拖动其结束处与"08.jpg"素材文件的结束处对齐，如图 5-38 所示。

图 5-37

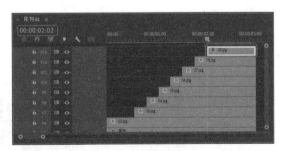

图 5-38

　　（38）确认"09.jpg"素材文件选中的情况下，激活【效果】面板，设置【运动】区域下的

【位置】为 640、594，单击其左侧的【切换动画】按钮 ，打开动画关键帧的记录，设置【缩放】为 21.5，如图 5-39 所示。

（39）设置当前时间为 00:00:02:22，在【效果控件】面板中单击【不透明度】左侧的【切换动画】按钮，将当前时间设置为 00:00:03:03，设置【运动】区域下的【位置】为 640、100，设置【不透明度】为 0，如图 5-40 所示。

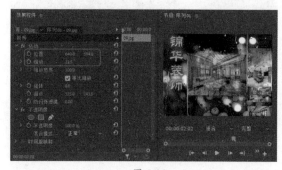
图 5-39

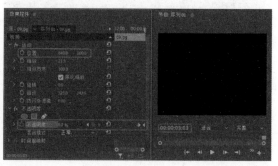
图 5-40

（40）制作完成后单击【播放】按钮 ，观察动画效果，如图 5-41 和图 5-42 所示。

图 5-41

图 5-42

案例精讲 074　　底片效果

制作底片效果时，主要通过添加【反转】特效和【棋盘】特效使素材呈现底片效果，如图 5-43 所示。

图 5-43

（1）启动软件后新建项目文件和 DV-24P|【标准 48kHz】序列，导入素材 \Cha05\【底片效果】文件，单击【导入文件夹】按钮，如图 5-44 所示。

（2）弹出【导入】对话框，导入文件夹，双击鼠标打开文件素材箱，选择"g01.jpg"素材文件，将其拖曳至 V1 视频轨道中。选择该素材，单击鼠标右键，在弹出的快捷菜单中选择【速度 / 持续时间】命令，在弹出的对话框中将【持续时间】设置为 00:00:02:00，单击【确定】按钮，如图 5-45 所示。

图 5-44

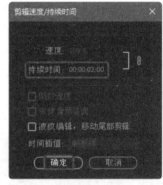

图 5-45

（3）确认"g01.jpg"素材文件处于选中状态，在【效果控件】面板中将【缩放】设置为 64，如图 5-46 所示。

（4）继续选择"g01.jpg"素材文件，将其添加到 V1 轨道中，将其开始处与前一个素材文件的结束处对齐，将【持续时间】设置为 00:00:01:00，如图 5-47 所示。

图 5-46

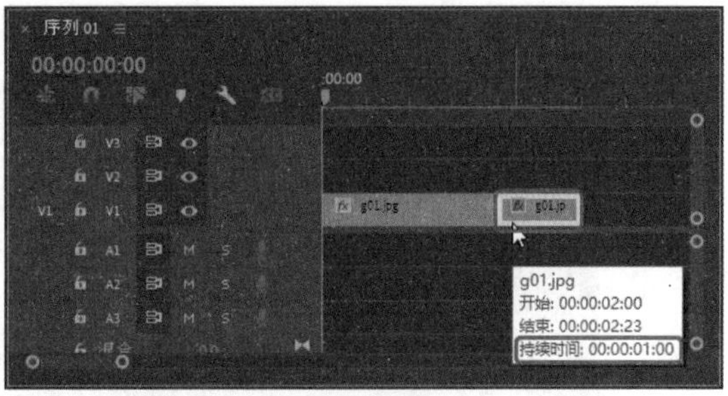

图 5-47

（5）在【效果控件】面板中将【缩放】设置为 64，如图 5-48 所示。

（6）打开【效果】面板，选择【视频效果】|【通道】|【反转】特效，将其添加到第二个"g01.jpg"素材文件上，然后选择【视频过渡】|【擦除】|【棋盘】特效并将其添加到两个素材之间，如图 5-49 所示。

图 5-48　　　　　　　　　　　　　　　图 5-49

（7）打开【项目】面板，选择"g02.jpg"素材文件，将其拖曳至 V1 轨道中，使其开始处与前一个素材文件的结束处对齐，将【持续时间】设置为 00:00:02:00，如图 5-50 所示。

（8）在【效果控件】面板中将【缩放】设置为 64，如图 5-51 所示。

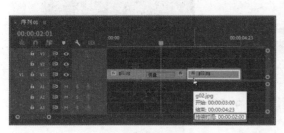

图 5-50　　　　　　　　　　　　　　　图 5-51

（9）使用前面的方法再次添加"g02.jpg"素材文件到 V1 轨道中，并将其【持续时间】设置为 00:00:01:00，【缩放】设置为 64%，如图 5-52 所示。

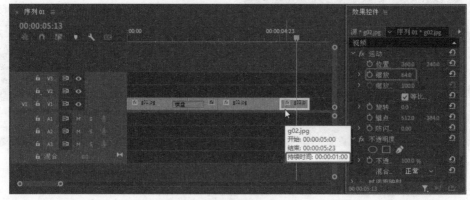

图 5-52

（10）选择【反转】特效，将其添加到上一步的素材文件上，选择【棋盘】特效，将其添加到两个素材之间，如图 5-53 所示。

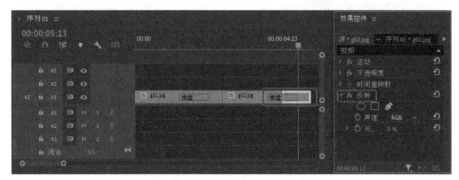

图 5-53

案例精讲 075　　**怀旧照片效果**

本案例通过 Gamma Correction、【黑白】【RGB 曲线】、Noise HLS Auto 特效使照片呈现怀旧效果，如图 5-54 所示。

图 5-54

（1）启动软件后新建项目文件和 DV-24P |【标准 48kHz】序列，导入"素材 \Cha05 文件夹中的怀旧老照片 .jpg"素材文件，并单击【打开】按钮，如图 5-55 所示。

（2）选择"怀旧老照片 .jpg"素材文件，将其拖曳至 V1 视频轨道中，如图 5-56 所示。

（3）在 V1 轨道中选择添加的素材文件，打开【效果控件】面板，将【缩放】设置为64。打开【效果】面板，搜索 Gamma Correction 特效，并对素材添加该特效，打开【效果控件】面板将 Gamma Correction 下的 Gamma 设置为 7，如图 5-57 所示。

（4）打开【效果】面板，搜索【黑白】特效，并对素材添加该特效，如图 5-58 所示。

图 5-55   图 5-56

图 5-57   图 5-58

（5）打开【效果】面板，搜索【RGB 曲线】特效，并为素材添加该特效。打开【效果控件】面板，对【主要】【红色】【绿色】和【蓝色】进行调整，如图 5-59 所示。

（6）打开【效果】面板，搜索 Noise HLS Auto 特效，并为其添加该特效。打开【效果控件】面板，设置 Noise HLS Auto 区域下的【色相】为 12%，【亮度】设置为 0，【饱和度】设置为 23%，【杂色动画速度】设置为 24，如图 5-60 所示。

图 5-59   图 5-60

本案例通过添加【边缘斜面】特效使照片呈现出三维立体照片效果，如图 5-61 所示。

图 5-61

（1）启动软件后新建项目文件和 DV-24P |【标准 48kHz】序列，导入"素材 \Cha05 文件夹中的三维立体照片.jpg"素材文件，单击【打开】按钮，将其导入【项目】面板中，如图 5-62 所示。

（2）选择添加的素材文件将其拖曳至 V1 轨道中，如图 5-63 所示。

图 5-62　　　　　　　　　　　　　　　　　　图 5-63

（3）确认素材文件处于选择状态，打开【效果控件】面板，将【缩放】设置为 75，如图 5-64 所示。

（4）打开【效果】面板，搜索【边缘斜面】特效，并将其添加到素材文件中。确认当前时间为 00:00:00:00，打开【效果控件】面板，选择【边缘斜面】选项，将【边缘厚度】设置为 0.5，并单击左侧的【切换动画】按钮 ，打开关键帧记录，将【光照角度】设置为 77，如图 5-65 所示。

（5）确认当前时间为 00:00:04:15，打开【效果控件】面板，选择【边缘斜面】选项，将【边缘厚度】设置为 0.1，如图 5-66 所示。

图 5-64

图 5-65

图 5-66

第 06 章　影视调色技巧

本章导读：

    Premiere Pro 是目前常用的影视后期制作软件之一，色彩可以更好地配合影片内容的表达，在影视后期中，调色更为重要。通过本章的学习，读者可以了解 Premiere Pro 影视调色的技巧。

案例精讲 077　　**大海的呼唤**

　　本案例先对素材设置合适的大小，使用【文字工具】输入文字，然后对输入的文字更改颜色效果，为文字添加【Alpha 发光】效果，最终制作出大海的呼唤效果，如图 6-1 所示。

图 6-1

　　（1）启动软件后，单击【新建项目】按钮，在弹出的窗口中设置名称和位置，单击【创建】按钮，如图 6-2 所示。

　　（2）按 Ctrl+N 组合键，弹出【新建序列】对话框，切换到【设置】选项卡，将【编辑模式】设置为 DV PAL，【时基】设置为 25.00 帧 / 秒，【像素长宽比】设置为【D1/DV PAL 宽银幕 16:9（1.4587）】，如图 6-3 所示。

图 6-2　　　　　　　　　　　　　　　　　　图 6-3

　　（3）单击【确定】按钮，将"PL01.jpg、PL02.jpg"素材文件导入场景中，将"PL01.jpg"素材文件拖曳至 V1 视频轨道中。在【效果】面板中，将【视频效果】|【调整】|【光照效果】效果拖曳至 V1 视频轨道中的素材文件上。在【效果控件】面板中，将【缩放】设置为 200，将【光照 1】下的【主要半径】【次要半径】均设置为 53.1，【强度】设置为 11，【聚焦】设置为 50，如图 6-4 所示。

　　（4）在【效果】面板中，将【线性擦除】视频效果拖曳至 V1 视频轨道中的素材文件上，将当前时间设置为 00:00:00:23，将【过渡完成】设置为 0，单击其左侧的【切换动画】按钮，将【擦除角度】设置为 90°，【羽化】设置为 0，如图 6-5 所示。

图 6-4　　　　　　　　　　　　　　图 6-5

（5）将当前时间设置为00:00:02:24，将【过渡完成】设置为95%，在【效果】面板中，将【颜色平衡】视频特效拖曳至 V1 轨道中的素材文件上。将【阴影红色平衡】【中间调红色平衡】【高光蓝色平衡】分别设置为80、30、−20，如图 6-6 所示。

（6）将当前时间设置为00:00:00:00，使用【文字工具】输入文字"Call of the sea"，将【字体】设置为 Agency FB，【字体样式】设置为 Bold，【字体大小】设置为50，【行距】设置为20，将【填充】下的【颜色】设置为白色，【位置】设置为104.1、264.4，如图 6-7 所示。

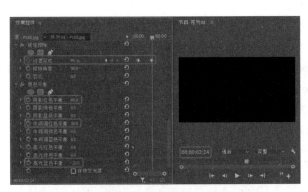

图 6-6

图 6-7

（7）将其开始位置与时间线对齐，将【持续时间】设置为 00:00:05:00。将当前时间设置为00:00:02:24，使用【剃刀工具】沿时间线进行切割。选择 V2 视频轨道中的第 2 段素材文件，在【效果】面板中将【Alpha 发光】效果拖曳至该素材文件上，将当前时间设置为00:00:03:00，将【发光】设置为34，【亮度】设置为167，如图 6-8 所示。

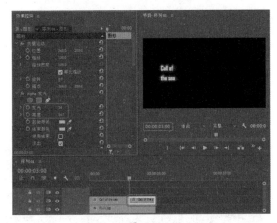

图 6-8

111

提示：

　　Alpha 发光特效可以对素材的 Alpha 通道起作用，从而产生一种辉光效果，如果素材拥有多个 Alpha 通道，那么仅对第一个 Alpha 通道起作用。

　　（8）将"PL02.jpg"素材文件拖曳至 V1 视频轨道中，使其开始处与 V1 视频轨道中的素材文件结尾处对齐。将当前时间设置为 00:00:05:00，【缩放】设置为 280，单击【缩放】左侧的【切换动画】按钮，如图 6-9 所示。

　　（9）将当前时间设置为 00:00:09:24，【缩放】设置为 192，如图 6-10 所示。

图 6-9

图 6-10

　　（10）在【效果】面板中，将【视频效果】|【颜色校正】|【色彩】效果拖曳至 V1 轨道中的 PL02.jpg 素材文件上，如图 6-11 所示。

　　（11）使用【文字工具】输入文字"People who come to the seaside often hear"，将【字体】设置为 Agency FB，【字体样式】设置为 Bold，【字体大小】设置为 50，将【填充】下的【颜色】设置为白色，【位置】设置为 118.1、75.4，【持续时间】设置为 00:00:05:00，将其开始处与 V2 轨道中的素材文件结尾处对齐，如图 6-12 所示。

图 6-11

图 6-12

（12）将当前时间设置为 00:00:05:00，单击【缩放】左侧的【切换动画】按钮 ，将当前时间设置为 00:00:09:24，将【缩放】设置为 90，如图 6-13 所示。

图 6-13

案例精讲 078　飞舞的蝴蝶

本案例先设置素材的大小，接着设置素材的【持续时间】，并为素材添加【颜色键】效果，然后将调整后的素材动态体现出来，最终制作出飞舞的蝴蝶，效果如图 6-14 所示。

图 6-14

（1）启动软件后，新建项目和序列，将【序列】设置为 DV-24P |【标准 48kHz】选项。按 Ctrl+I 组合键打开【导入】对话框，在该对话框中选择"素材 \Cha06\ 飞舞的蝴蝶 .avi、蝴蝶背景 .jpg"素材文件，单击【打开】按钮，将其导入【项目】面板中，如图 6-15 所示。

（2）将"蝴蝶背景 .jpg"素材文件拖曳至 V1 视频轨道中，在素材文件上单击鼠标右键，在弹出的快捷菜单中选择【速度 / 持续时间】命令，在弹出的对话框中将【持续时间】设置为 00:00:03:03，如图 6-16 所示。

图 6-15

图 6-16

（3）确认素材处于选择状态，在【效果控件】面板中将【缩放】设置为 22，如图 6-17 所示。

（4）将"飞舞的蝴蝶 .avi"素材文件拖曳至 V2 轨道中，在【效果】面板中将【颜色键】效果拖曳至 V2 视频轨道中的素材文件上，将【主要颜色】设置为 #FFFDFF，【颜色容差】设置为 54，【边缘细化】设置为 4，【羽化边缘】设置为 0，如图 6-18 所示。

图 6-17

图 6-18

案例精讲 079　　**飞舞的花瓣**

本案例先设置素材的大小，然后设置位置关键帧，并为素材添加【颜色键】与【色彩平衡】视频效果，最终制作出花瓣效果，如图 6-19 所示。

图 6-19

（1）新建项目文件，按 Ctrl+N 组合键，弹出【新建序列】对话框，切换到【设置】选项卡，将【编辑模式】设置为【自定义】，【时基】设置为 25.00 帧 / 秒，【帧大小】设置为 720，【水平】设置为 410，【像素长宽比】设置为【D1/DV PAL（1.0940）】，单击【确定】按钮，如图 6-20 所示。

（2）按 Ctrl+I 组合键，在打开的对话框中选择 "素材 \Cha06\ 飞舞的花瓣背景 .jpg、飞舞的花瓣素材 .avi" 素材文件，单击【打开】按钮。将 "飞舞的花瓣背景 .jpg" 素材文件拖曳至 V1 轨道中，在【效果控件】面板中将【位置】设置为 360、205，【缩放】设置为 120，将当前时间设置为 00:00:00:00，单击【缩放】左侧的【切换动画】按钮，如图 6-21 所示。

图 6-20

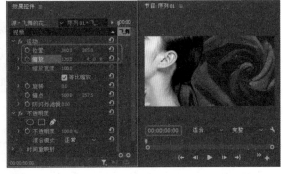

图 6-21

（3）在素材文件上单击鼠标右键，在弹出的快捷菜单中选择【速度 / 持续时间】命令，在弹出的对话框中将【持续时间】设置为 00:00:26:22，如图 6-22 所示。

（4）单击【确定】按钮，将当前时间设置为 00:00:10:00，将【缩放】设置为 80，如图 6-23 所示。

图 6-22

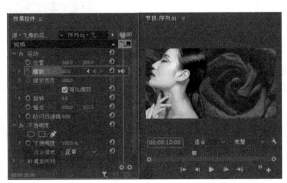

图 6-23

（5）将时间设置为 00:00:00:00，将"飞舞的花瓣素材 .avi"拖曳至 V2 轨道中，在【效果控件】面板中将【缩放】设置为 110，如图 6-24 所示。

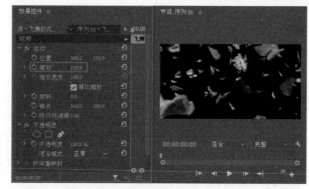

图 6-24

（6）在【效果】面板中，将【颜色键】视频效果添加至 V2 轨道中的素材文件上。在【效果控件】面板中将【主要颜色】设置为黑色，【颜色容差】设置为 20，【边缘细化】设置为 3，【羽化边缘】设置为 0，如图 6-25 所示。

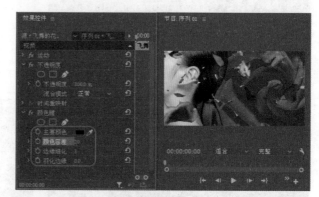

图 6-25

（7）在【效果】面板中，将【颜色平衡】效果拖曳至 V2 轨道中，将【阴影红色平衡】【阴影绿色平衡】【阴影蓝色平衡】分别设置为 49、-90、-18，将【中间调红色平衡】【高光红色平衡】分别设置为 48、-36，如图 6-26 所示。

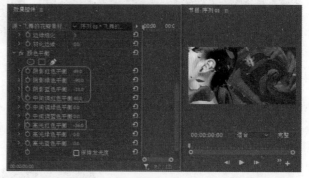

图 6-26

◆◆◆◆◆◆◆◆◆ 案例精讲 080 **幻彩花朵**

本例制作的幻彩花朵操作方法比较简单，主要是将背景图片拖曳至视频轨道上，接着为素材文件添加【颜色平衡（HLS）】效果，然后对该素材进行切换动画，最终制作出幻彩花朵，如图 6-27 所示。

图 6-27

（1）启动软件后，新建项目和序列，将【序列】设置为 DV-24P |【标准 48kHz】选项，如图 6-28 所示。

（2）单击【确定】按钮，按 Ctrl+I 组合键打开【导入】对话框，在该对话框中选择"素材 \Cha06\ 花 .jpg"素材文件，单击【打开】按钮。在【项目】面板中可以观察效果，如图 6-29 所示。

图 6-28　　　　　　　　　　　　　　　　　　图 6-29

（3）将"花 .jpg"素材文件拖曳至 V1 视频轨道中，将当前时间设置为 00:00:00:00，在【效果控件】面板中将【缩放】设置为 120，单击左侧的【切换动画】按钮，如图 6-30 所示。

（4）将当前时间设置为 00:00:04:23，将【缩放】设置为 55，如图 6-31 所示。

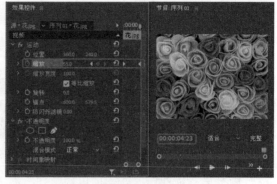

图 6-30　　　　　　　　　　　　　　图 6-31

（5）在【效果】面板中搜索【颜色平衡（HLS）】效果，为素材文件添加效果。将当前时间设置为 00:00:00:00，在【效果控件】面板中将【色相】设置为 0，单击左侧的【切换动画】按钮，如图 6-32 所示。

（6）将当前时间设置为 00:00:04:23，将【色相】设置为 2×0.0°，如图 6-33 所示。

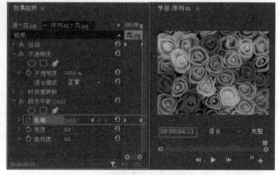

图 6-32　　　　　　　　　　　　　　图 6-33

案例精讲 081　　**百变服饰【视频案例】**

本案例通过对素材设置合适的大小，通过【更改颜色】效果设置其关键帧，最终制作出百变服饰，效果如图 6-34 所示。

图 6-34

案例精讲 082　**圣诞快乐【视频案例】**

　　本案例首先设置素材的大小，首先制作出开场动画，为圣诞树添加【颜色键】和 Color Balance（RGB）效果，然后引出圣诞快乐字幕，最终制作出圣诞快乐效果，如图 6-35 所示。

图 6-35

案例精讲 083　**创意字母【视频案例】**

　　本案例首先设置素材的大小，接着使用【文字工具】输入字母，根据素材设置文字的搭配，然后利用【色彩平衡（HLS）】效果对字母的颜色进行更改，通过设置【缩放】使文字放大，最终制作出创意字母，效果如图 6-36 所示。

图 6-36

案例精讲 084　**战场壁画【视频案例】**

　　本案例首先设置素材的大小，为材添加【亮度曲线】【粗糙边缘】【浮雕】效果，最终制作出战场壁画，效果如图 6-37 所示。

图 6-37

爱在冬天【视频案例】

本案例先设置素材的大小，为素材添加【方向模糊】【色彩】【交叉溶解】效果，然后使用【文字工具】输入文字，将调整后的素材与文字体现出来，最终制作出所需的视频，效果如图 6-38 所示。

图 6-38

第 07 章　影视特效编辑

本章导读：

　　本章的案例，主要是对 Premiere Pro 2023 中【视频效果】的使用进行了介绍，视频特效可以对一些实际拍摄后出现的瑕疵进行处理，同时也可以制作一些拍摄不到的特技效果。

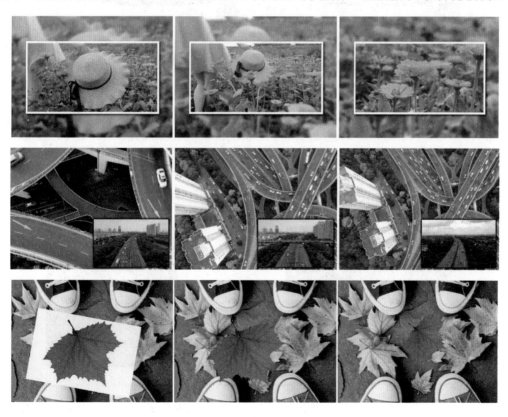

本案例首先将选中的素材拖曳至视频轨道中，再选择该素材设置缩放，然后设置素材的【持续时间】，最终制作出宽荧屏电影效果，如图 7-1 所示。

图 7-1

（1）新建项目和 DV-24P |【标准 48kHz】的序列文件，在【项目】面板的空白位置处双击鼠标，弹出【导入】对话框，选择"素材 \Cha07\004.jpg、005.avi"素材文件。在【项目】面板中选择"004.jpg"素材文件，按住鼠标左键将其拖曳至【V1】轨道中，选中该对象，右击鼠标，在弹出的快捷菜单中选择【速度 / 持续时间】命令，如图 7-2 所示。

（2）在弹出的对话框中将【持续时间】设置为 00:00:19:20，如图 7-3 所示。

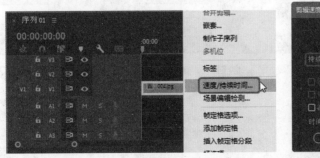

图 7-2

图 7-3

（3）设置完成后，单击【确定】按钮。继续选中该对象，在【效果控件】面板中将【缩放】设置为 16，如图 7-4 所示。

（4）在【项目】面板中选择 005.avi 素材文件，按住鼠标左键将其拖曳至 V2 轨道中，选中该对象，在【效果控件】中将【位置】设置为 341.5、174.8，取消选中【等比缩放】复选框，将【缩放高度】【缩放宽度】分别设置为 56.2、54.5，如图 7-5 所示。

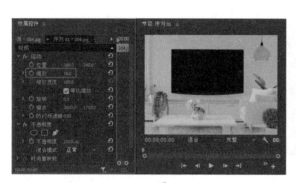

图 7-4　　　　　　　　　　　　　　　　　图 7-5

案例精讲 087　镜头快慢播放效果

本案例先对素材进行裁剪，再对素材进行【持续时间】设置，展现出素材速度上的快慢效果，最终制作出镜头快慢播放效果，如图 7-6 所示。

图 7-6

（1）新建项目文件，导入"素材 \Cha07\ 镜头快慢播放效果 .mp4"素材文件，将素材文件拖曳至【时间轴】面板中，系统自动新建序列，选中"镜头快慢播放效果 .mp4"素材文件，如图 7-7 所示。

（2）在【效果控件】面板中将【缩放】设置为 120，如图 7-8 所示。

图 7-7　　　　　　　　　　　　　　　　　图 7-8

（3）将当前时间设置为 00:00:10:00，在工具栏中选择【剃刀工具】 ，在轨道时间线处对素材文件进行切割，切割后的效果如图 7-9 所示。

（4）选择【选择工具】，选中 V1 轨道中裁剪后的第一个素材，右击鼠标，在弹出的快捷菜单中选择【速度 / 持续时间】命令，如图 7-10 所示。

图 7-9　　　　　　　　　　　　　　　　　　　图 7-10

（5）在弹出的对话框中将【速度】设置为 200%，设置完成后，单击【确定】按钮。选择 V1 轨道中的第二个素材，按住鼠标左键将其拖曳至第一个对象的结尾处，并在该对象上右击鼠标，在弹出的快捷菜单栏中选择【速度 / 持续时间】命令，在弹出的对话框中将【速度】设置为 50%，如图 7-11 所示。

（6）设置完成后，单击【确定】按钮，即可完成对选中对象的更改，如图 7-12 所示。

图 7-11　　　　　　　　　　　　　　　　　　　图 7-12

案例精讲 088　**朦胧视频背景**

本案例先为添加的素材应用【高斯模糊】视频效果，使其产生模糊的效果，然后创建矩形，将视频添加至矩形上方进行播放，使其产生模糊与清晰的对比效果，如图 7-13 所示。

图 7-13

（1）新建项目和 DV-PAL |【标准 48kHz】序列文件，在【项目】面板的空白位置处双击鼠标，在弹出的对话框中选择"MLSPBJ. mp4"素材文件。在【项目】面板中将"MLSPBJ. mp4"素材文件拖曳至 V1 视频轨道中，弹出【剪辑不匹配警告】对话框，单击【保持现有设置】按钮，在【效果控件】面板中将【缩放】设置为 55，如图 7-14 所示。

（2）在【效果】面板中将【视频效果】|【模糊与锐化】|【高斯模糊】效果拖曳至 V1 轨道素材上，在【效果控件】面板中将【高斯模糊】选项下的【模糊度】设置为 30，如图 7-15 所示。

图 7-14　　　　　　　　　　　　　　　　　图 7-15

（3）选择【矩形工具】，绘制矩形，在【填充】选项组中将【颜色】设置为 #888888。选中【描边】复选框，将【类型】设置为【外侧】，【大小】设置为 10，【颜色】设置为白色，将结尾处与 V1 轨道中的视频文件对齐，如图 7-16 所示。

（4）选中【阴影】复选框，将【颜色】设置为黑色，【不透明度】设置为 80%，【角度】设置为 135°，【距离】设置为 10，【大小】设置为 0，【扩展】设置为 50，适当调整图形的位置，如图 7-17 所示。

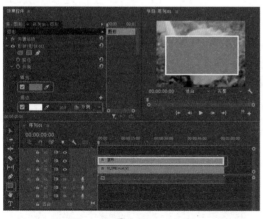 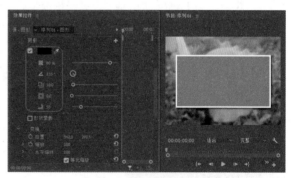

图 7-16　　　　　　　　　　　　　　　　　图 7-17

（5）将"MLSPBJ.mp4"素材文件拖曳至 V3 轨道上，选中 V3 视频轨道中的素材文件，如图 7-18 所示。

（6）根据绘制的矩形，在【效果控件】面板中设置【位置】【缩放高度】和【缩放宽度】的参数，如图 7-19 所示。

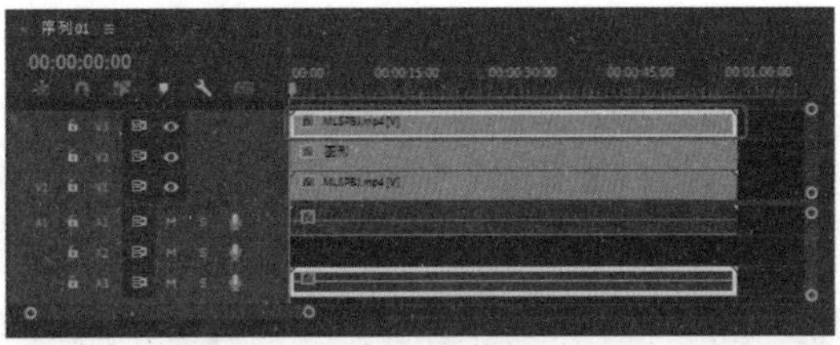

图 7-18

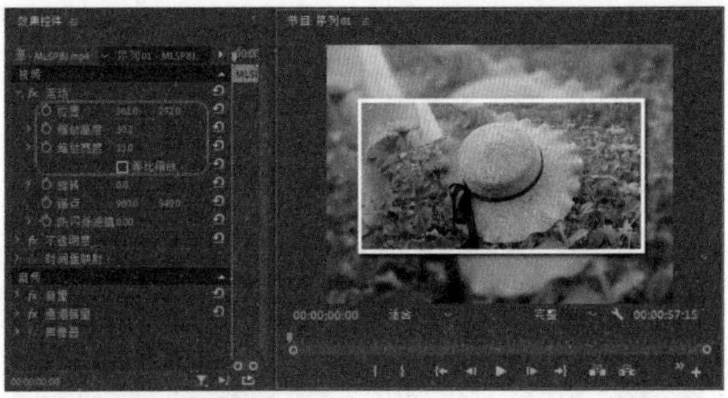

图 7-19

案例精讲 089　画中画效果

本案例首先选择素材，拖曳素材至视频轨道中，接着选择该素材设置缩放，然后为轨道上的素材添加【裁剪】和【Alpha 发光】效果，制作出画中画效果，效果如图 7-20 所示。

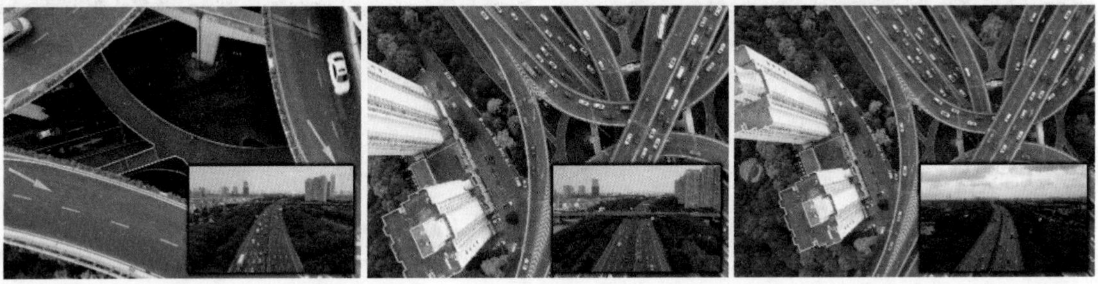

图 7-20

（1）新建项目和 DV-24P |【标准 48kHz】序列文件，在【项目】面板的空白处双击鼠标，弹出【导入】对话框，选择“素材 \Cha07\006.mp4、007.mp4”素材文件。将“007.mp4”素材文件拖曳至 V1 轨道中，在弹出的对话框中单击【保持现有设置】按钮，选中 V1 轨道的视频并右击鼠标，在弹出的快捷菜单中选择【取消链接】命令，如图 7-21 所示。

（2）取消链接后，选中 A1 轨道中的音频，按 Delete 键将其删除，如图 7-22 所示。

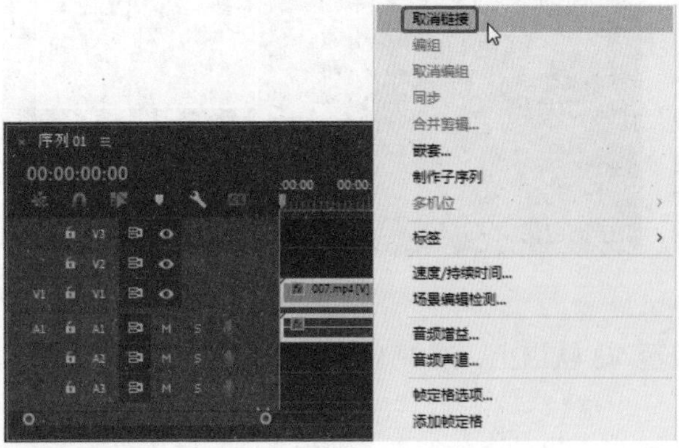

图 7-21

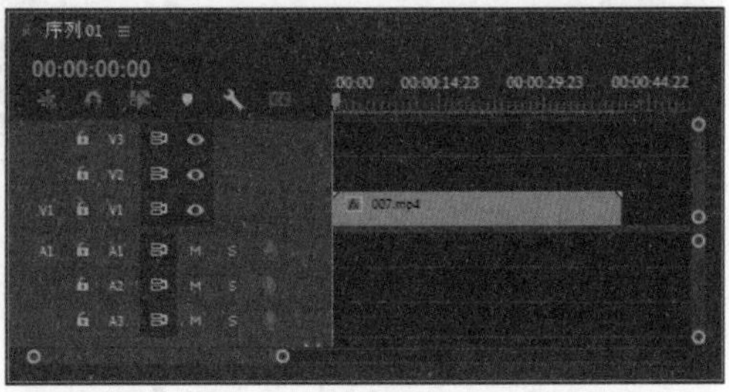

图 7-22

（3）选中 V1 轨道中的对象，在【效果控件】面板中将【缩放】设置为 67，如图 7-23 所示。

（4）设置完成后，将"006.mp4"素材文件拖曳至 V2 轨道中，将其结尾处与 V1 轨道中视频文件的结尾处对齐。在【效果控件】面板中，将【位置】设置为 537.3、379.5，【缩放】设置为 33，如图 7-24 所示。

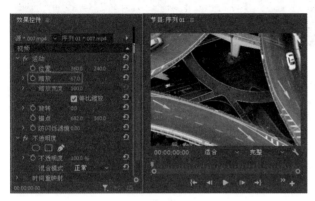
图 7-23

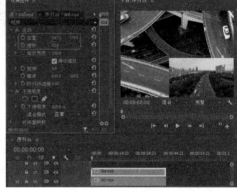
图 7-24

（5）继续选中 V2 轨道素材，为其添加【裁剪】效果，在【效果控件】面板中将【左侧】【顶部】【右侧】【底部】分别设置为 14%、9%、14%、12%，如图 7-25 所示。

（6）继续选中该对象，为其添加【Alpha 发光】效果，在【效果控件】面板中将【起始颜色】和【结束颜色】都设置为黑色，如图 7-26 所示。

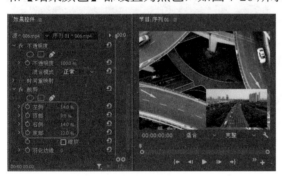
图 7-25

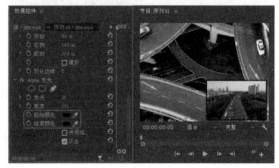
图 7-26

◆◆◆◆◆◆◆◆◆
案例精讲 090　倒放效果

本案例首先选择素材，拖曳素材至视频轨道中，接着对素材进行缩放，然后按住 Alt 键将其拖曳至该对象的结尾处，释放鼠标，完成对素材的复制，最后设置倒放速度，制作出倒放效果，效果如图 7-27 所示。

图 7-27

（1）新建项目文件，按 Ctrl+N 组合键，弹出【新建序列】对话框，将【序列】设置为 DV-24P |【标准 48kHz】选项，将"008.mp4"素材文件导入至【项目】面板中，将"008.mp4"素材文件拖曳至 V1 轨道中，在弹出的对话框中单击【保持现有设置】按钮。选中该对象，在【效果控件】中将【缩放】设置为 51，如图 7-28 所示。

（2）选中 V1 轨道上的素材，按住 Alt 键将其拖曳至该对象的结尾处，释放鼠标，完成复制，如图 7-29 所示。

图 7-28

图 7-29

（3）继续选中V1 轨道上第二段素材，在该对象上右击鼠标，在弹出的快捷菜单中选择【速度 / 持续时间】命令，如图 7-30 所示。

（4）在弹出的对话框中选中【倒放速度】复选框，然后单击【确定】按钮，对完成后的文件进行输出即可，如图 7-31 所示。

图 7-30

图 7-31

电视节目暂停效果

本案例首先选择素材，拖曳素材至视频轨道中，接着选择该素材设置缩放，然后新建彩条，设置宽度和高度，制作出电视节目暂停效果，如图 7-32 所示。

图 7-32

（1）运行 Premiere Pro 2023 软件，新建项目和 DV-24P |【标准 48kHz】的序列文件，导入"素材 \Cha07\ 电视节目暂停效果 .jpg"素材文件，按住鼠标左键将其拖曳至 V1 轨道中，并选中该素材，在【效果控件】中将【缩放】设置为 41，如图 7-33 所示。

（2）选中 V1 轨道上的素材并右击鼠标，在弹出的快捷菜单中选择【速度 / 持续时间】命令，在弹出的对话框中将【持续时间】设置为 00:00:15:00，如图 7-34 所示。

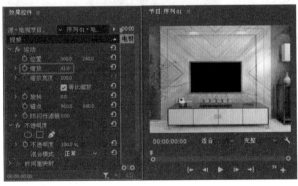

图 7-33　　　　　　　　　　　图 7-34

（3）设置完成后，单击【确定】按钮。在【项目】面板中右击鼠标，在弹出的快捷菜单中选择【新建项目】|【彩条】命令，在弹出的对话框中将【宽度】和【高度】分别设置为 534、352，如图 7-35 所示。

（4）设置完成后，单击【确定】按钮。按住鼠标左键将其拖曳至 V2 轨道中，并将【持续时间】设置为 00:00:15:00，如图 7-36 所示。

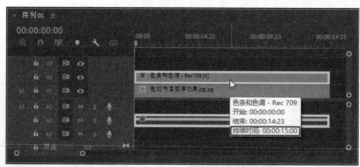

图 7-35   图 7-36

（5）在【效果控件】面板中将【位置】设置为 338.9、231，取消选中【等比缩放】复选框，将【缩放高度】和【缩放宽度】分别设置为 37.2、48，如图 7-37 所示。

（6）将当前时间设置为 00:00:00:00，在【效果控件】面板中将【不透明度】设置为 0，单击左侧的【切换动画】按钮，将当前时间设置为 00:00:00:05，将【不透明度】设置为 100%，如图 7-38 所示。

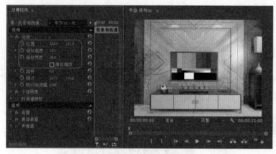

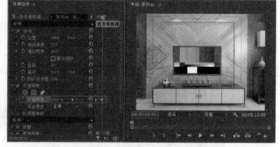

图 7-37   图 7-38

案例精讲 092 ◆ 飘落的树叶【视频案例】

本案例首先将素材拖曳至视频轨道中，接着选择该素材，设置【缩放】【位置】【旋转】，然后为轨道上的素材添加【羽化边缘】效果，设置完成后，最终制作出飘落的树叶效果，如图 7-39 所示。

图 7-39

本案例首先将素材拖曳至视频轨道中，接着选择该素材设置缩放，设置完成后，为轨道上的素材添加【羽化边缘】【杂色】效果，制作出电视播放效果，如图 7-40 所示。

图 7-40

案例精讲 094　　**发光的星球【视频案例】**

本案例首先素材拖曳至视频轨道中，接着选择该素材设置缩放，然后为素材添加【镜头光晕】效果，最终制作出发光的星球，效果如图 7-41 所示。

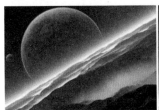

图 7-41

案例精讲 095　　**视频油画效果【视频案例】**

本案例首先对素材进行大小调整，然后为素材添加【查找边缘】效果，制作出视频油画效果，如图 7-42 所示。

图 7-42

案例精讲 096　　**旋转的城市【视频案例】**

　　本案例首先将素材拖曳至视频轨道中，接着选择该素材设置【缩放】，然后单击【切换动画】按钮，为轨道上的素材添加【径向擦除】效果，设置完成后，制作出旋转的城市，效果如图 7-43 所示。

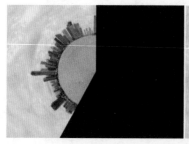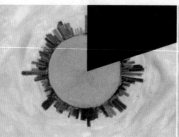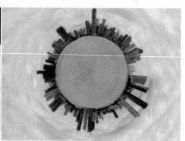

图 7-43

第 08 章　常用影视动画制作

本章导读：

　　本章将介绍常用的影视动画效果的制作，其中包括旋转的钟表、点击动画、电子产品展示动画、化妆品广告动画及进度条动画等。通过本章的学习，可以使读者对影视动画的制作有个简单的了解，从而为后面章节内容的学习奠定基础。

婚纱摄影店宣传动画

制作婚纱摄影宣传片，可以吸引即将步入婚姻殿堂的情侣到婚纱摄影公司拍照。本案例将介绍如何制作婚纱摄影店宣传片，效果如图 8-1 所示。

图 8-1

（1）新建项目文件和 DV-PAL 下的【标准 48kHz】序列文件，在【项目】面板的空白位置处双击鼠标左键，在弹出的对话框中导入"素材 \Cha08\ 婚纱 1.JPG、婚纱 2.JPG、婚纱 3.JPG、婚纱 4.JPG"文件，选择【项目】面板中的"婚纱 1.JPG"素材文件，按住鼠标左键将其拖曳至 V1 轨道中，将【持续时间】设置为 00:00:08:00，如图 8-2 所示。

（2）确认当前时间为 00:00:00:00，切换至【效果控件】面板，将【运动】下的【缩放】设置为 41，【位置】设置为 350、746，单击【位置】左侧的【切换动画】按钮，如图 8-3 所示。

图 8-2

图 8-3

（3）将当前时间设置为 00:00:03:00，在【效果控件】面板中将【位置】设置为 350、169，在【效果】面板中搜索【油漆飞溅】效果，将其拖曳至 V1 轨道中"婚纱 1.JPG 素材文件"的开始处，将【持续时间】设置为 00:00:01:00，如图 8-4 所示。

（4）将当前时间设置为 00:00:04:00，在【项目】面板中将"婚纱 2.JPG"拖曳至 V2 轨道中，将【持续时间】设置为 00:00:08:00，将其开始处与时间线对齐；将当前时间设置为

00:00:08:00，将【缩放】设置为81，单击左侧的【切换动画】按钮 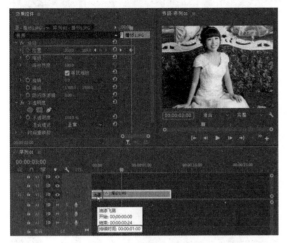；将当前时间设置为00:00:04:00，将【位置】设置为1065、288，单击左侧的【切换动画】按钮 ；将【不透明度】设置为0，单击左侧的【切换动画】按钮 ，如图8-5所示。

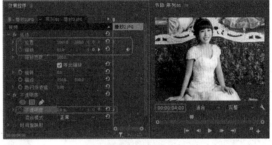

图 8-4   图 8-5

（5）将当前时间设置为00:00:05:00，【不透明度】设置为100%，如图8-6所示。

（6）将当前时间设置为00:00:07:00，在【效果控件】面板中将【位置】设置为406、288，如图8-7所示。

图 8-6   图 8-7

（7）将当前时间设置为00:00:08:00，在【效果控件】面板中单击【位置】右侧的【添加 / 移除关键帧】按钮 ，添加关键帧，如图8-8所示。

（8）将当前时间设置为00:00:10:00，在【效果控件】面板中将【缩放】设置为60，如图8-9所示。

（9）将当前时间设置为00:00:08:00，使用【文字工具】 T 输入文字，并选中文字，将【字体】设置为【方正隶书简体】，【字体大小】设置为37，将【填充】选项组中的【颜色】设置为白色，选中【描边】复选框，将【描边宽度】设置为4，【颜色】设置为 # D22221，并选中第一个文字，将"因"文字的【字体大小】设置为82，【位置】设置为30.9、458.1，将【持续时间】设置为00:00:04:13，如图8-10所示。

（10）将当前时间设置为00:00:08:00，使用【文字工具】 T 输入文字，并选中文字，将【字体】设置为【方正隶书简体】，【字体大小】设置为29，将【填充】选项组中的【颜色】设置为白色,选中【描边】复选框,将【描边宽度】设置为1.5,【颜色】设置为#D22221,在【变换】选项组中设置【位置】分别为83.6、496.8,将持续时间设置为00:00:04:13,如图 8-11 所示。

图 8-8

图 8-9

图 8-10

图 8-11

　　(11)将当前时间设置为 00:00:08:00,选中"因为你"文本,在【效果控件】面板中将【不透明度】设置为 0,单击左侧的【切换动画】按钮 ○,如图 8-12 所示。

　　(12)将当前时间设置为 00:00:10:00,在【效果控件】面板中将【不透明度】设置为100%,添加关键帧,如图 8-13 所示。

图 8-12

图 8-13

（13）选中"因为你"文本的【不透明度】组，按 Ctrl+C 组合键复制，选中 V4 轨道中的"我懂得了爱"文本，选中【不透明度】组，按 Ctrl+V 组合键粘贴关键帧，如图 8-14 所示。

（14）在【项目】面板中将"婚纱 3.JPG"拖曳至 V2 轨道中，将该素材开始处与"婚纱 2.JPG"素材的结尾处对齐，将【持续时间】设置为 00:00:05:12，在【效果控件】面板中将【位置】设置为 378、288，【缩放】设置为 33，如图 8-15 所示。

图 8-14 图 8-15

（15）在【效果】面板中搜索【交叉划像】效果，将过渡效果拖曳至 V2 轨道中的两个素材之间，然后拖曳至 V3、V4 轨道中文本的结尾处，将持续时间设置为 00:00:01:00，如图 8-16 所示。

（16）将当前时间设置为 00:00:13:12，使用【文字工具】输入文字，并选中文字，将【字体】设置为【方正隶书简体】，【字体大小】设置为 50，将【填充】选项组中的【颜色】设置为 #BA454A，选中【描边】复选框，将【大小】设置为 2，【颜色】设置为白色，【位置】设置为 382.6、97，将【持续时间】设置为 00:00:04:12，如图 8-17 所示。

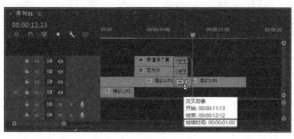
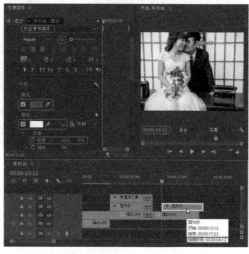

图 8-16 图 8-17

（17）将当前时间设置为 00:00:13:12，在【效果控件】面板中将【位置】设置为 385、190，单击左侧的【切换动画】按钮，添加关键帧，如图 8-18 所示。

（18）将当前时间设置为 00:00:14:12，在【效果控件】面板中将【位置】设置为 385、288，如图 8-19 所示。

图 8-18   图 8-19

（19）将当前时间设置为 00:00:14:12，使用【文字工具】输入文字，并选中文字，将【字体】设置为【方正隶书简体】，【字体大小】设置为 29，将【填充】选项组中的【颜色】设置为 # BA454A，选中【描边】复选框，将【大小】设置为 1，【颜色】设置为白色，将【位置】设置为 492.2、138.9，将【持续时间】设置为 00:00:03:12，如图 8-20 所示。

（20）将当前时间设置为 00:00:14:12，在【效果控件】面板中将【不透明度】设置为 0，单击左侧的【切换动画】按钮 ，如图 8-21 所示。

图 8-20   图 8-21

（21）将当前时间设置为 00:00:15:12，在【效果控件】面板中将【不透明度】设置为 100%，如图 8-22 所示。

（22）在【项目】面板中将"婚纱 4.JPG"素材文件拖曳至 V2 轨道中，将【持续时间】设置为 00:00:06:11，将其开始处与"婚纱 3.JPG"素材的结尾处对齐，在【效果控件】面板中将【缩放】设置为 15.2，【位置】设置为 363、286，如图 8-23 所示。

图 8-22　　　　　　　　　　　　　　　　　　图 8-23

（23）在【效果】面板中搜索并选中【推】效果，将其拖曳至 V3、V4 轨道中文本的结尾处，然后拖曳至 V2 轨道中"婚纱 3.JPG"与"婚纱 4. JPG"首尾相接处，将【持续时间】设置为 00:00:01:00，如图 8-24 所示。

（24）将当前时间设置为 00:00:18:12，使用【矩形工具】绘制矩形，将【填充】选项组中的【颜色】设置为 # FF59E5，【不透明度】设置为 40%，【持续时间】设置为 00:00:05:11，如图 8-25 所示。

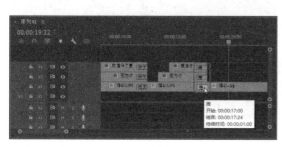

图 8-24

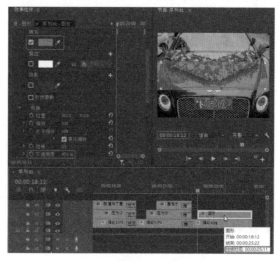

图 8-25

（25）在【效果】面板中搜索并选中【交叉溶解】效果，将其拖曳至 V3 轨道中矩形的开始处，将【持续时间】设置为 00:00:01:00，如图 8-26 所示。

（26）将当前时间设置为 00:00:20:15，使用【文字工具】输入文字，并选中义字，将【字体】设置为【方正粗黑宋简体】，【字体大小】设置为 75，将【填充】选项组中的【颜色】设置为 # FF3553，选中【描边】复选框，将【大小】设置为 2.8，【颜色】设置为白色，适当调整文本的位置，将【持续时间】设置为00:00:03:08，如图8-27所示。

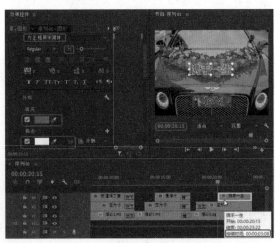

图 8-26　　　　　　　　　　　　　　　　　图 8-27

（27）将当前时间设置为00:00:20:15，使用【文字工具】输入文字，并选中文字，将【字体】设置为【方正粗黑宋简体】，【字体大小】设置为33，【字距调整】设置为150，将【填充】选项组中的【颜色】设置为＃FFFFFF，取消选中【描边】复选框，适当调整文本的位置，将【持续时间】设置为00:00:03:08，如图8-28所示。

（28）在【效果】面板中搜索并选中【胶片溶解】效果，将其拖曳至V4、V5轨道中文本的开始处，将【持续时间】设置为00:00:01:00，如图8-29所示。

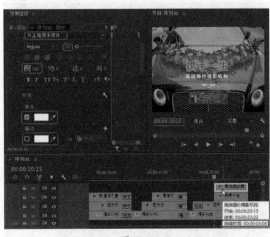
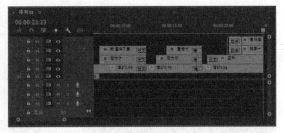

图 8-28　　　　　　　　　　　　　　　　　图 8-29

案例精讲 098　**摇摆的卡通数字动画**

在制作摇摆的卡通数字动画之前，不仅需要考虑背景图片与卡通数字的排列方式，还需要考虑卡通数字的动画方式。本案例中设计的摇摆的卡通数字动画，首选摇摆卡通数字2，然后带动其他卡通数字摇摆，效果如图8-30所示。

图 8-30

（1）在欢迎界面中单击【新建项目】按钮，在弹出的【新建项目】对话框中选择文件的存储位置并输入名称，单击【确定】按钮。弹出【新建序列】对话框，选择 DV-PAL |【标准48kHz】选项，单击【确定】按钮。在【项目】面板的空白位置处双击鼠标左键，弹出【导入】对话框，在该对话框中选择"素材 \Cha08\ 卡通数字背景 .jpg、数字 0.png、数字 2.png"素材文件，单击【打开】按钮。确认当前时间为 00:00:00:00，在【项目】面板中将"卡通数字背景 .jpg"素材文件拖曳至 V1 轨道中，将其与时间线对齐，如图 8-31 所示。

（2）选择该素材文件，在【效果控件】面板中将【位置】设置为 360、397，【缩放】设置为 33，如图 8-32 所示。

图 8-31

图 8-32

（3）在【项目】面板中将"数字 2.png"素材文件拖曳至 V2 轨道中，将其与时间线对齐。选择该素材文件，将当前时间设置为 00:00:00:12，在【效果控件】面板中将【位置】设置为153、2，【缩放】设置为 33，单击【旋转】左侧的【切换动画】按钮，将【锚点】设置为229、280，如图 8-33 所示。

（4）将当前时间设置为 00:00:01:00，在【效果控件】面板中将【旋转】设置为 23°，如图 8-34所示。

（5）将当前时间设置为 00:00:02:00，在【效果控件】面板中将【旋转】设置为 -21°，如图 8-35 所示。

 提示

使用【旋转】选项可以设置对象在屏幕中的旋转角度。对象的旋转中心点就是对象的锚点。通过添加关键帧，可以制作对象旋转动画。

（6）将当前时间设置为 00:00:03:00，在【效果控件】面板中将【旋转】设置为 15°，如图 8-36 所示。

图 8-33

图 8-34

图 8-35

图 8-36

（7）将当前时间设置为 00:00:03:12，在【效果控件】面板中将【旋转】设置为 0°，如图 8-37 所示。

（8）将当前时间设置为 00:00:00:00，在【项目】面板中将"数字 0.png"素材文件拖曳至 V3 轨道中，将其与时间线对齐，并选择该素材文件，将当前时间设置为 00:00:01:15，在【效果控件】面板中将【位置】设置为 327、2，【缩放】设置为 33，单击【旋转】左侧的【切换动画】按钮 ，将【锚点】设置为 350、266，如图 8-38 所示。

图 8-37

图 8-38

（9）将当前时间设置为 00:00:02:00，在【效果控件】面板中将【旋转】设置为 -22°，如图 8-39 所示。

（10）将当前时间设置为 00:00:03:00，在【效果控件】面板中将【旋转】设置为 3°，如图 8-40 所示。

图 8-39

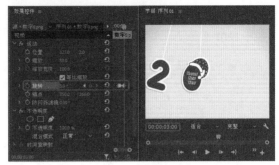

图 8-40

（11）将当前时间设置为 00:00:03:12，在【效果控件】面板中将【旋转】设置为 0°，如图 8-41 所示。

（12）使用同样的方法，制作其他卡通数字摇摆动画，如图 8-42 所示。

图 8-41

图 8-42

案例精讲 099 点击动画

点击动画，顾名思义就是通过点击而产生的动画，本例将介绍如何制作点击动画，效果如图 8-43 所示。

（1）新建项目和序列，在【新建序列】对话框中，切换至【设置】选项卡，将【编辑模式】设置为【自定义】，【时基】设置为 25.00 帧 / 秒，【帧大小】【水平】分别设置为 980、2330，【像素长宽比】设置为 D1/DV PAL（1.0940），单击【确定】按钮，如图 8-44 所示。

（2）在【项目】面板的空白位置处双击鼠标左键，弹出【导入】对话框，在该对话框中选择"素材 \Cha08\ 界面 1.jpg ～界面 3.jpg、手 .png 及 QQ.png"素材文件，单击【打开】按钮。将"界面 1.jpg"素材文件拖曳至 V1 轨道中，将【持续时间】设置为 00:00:02:00，如图 8-45 所示。

图 8-43

图 8-44

图 8-45

（3）将当前时间设置为 00:00:02:00，将"界面 2.jpg"素材文件拖曳至 V1 轨道中，将其开始处与时间线对齐，如图 8-46 所示。

（4）在【效果】面板中将【推】特效拖曳至"界面 1.jpg"和"界面 2.jpg"素材文件之间，选择【推】特效，在【效果控件】面板中将【持续时间】设置为 00:00:01:00，单击【从东向西】按钮，如图 8-47 所示。

（5）将当前时间设置为 00:00:01:13，将"QQ.png"拖曳至 V2 轨道中，将其开始处与时间线对齐，将【持续时间】设置为 00:00:05:12，【位置】设置为 824、263.4，【缩放】设置为 100，确认当前时间为 00:00:01:12，将【不透明度】设置为 0，单击【不透明度】左侧的【切换动画】按钮，如图 8-48 所示。

（6）将当前时间设置为 00:00:01:21，单击【不透明度】右侧的【添加 / 移除关键帧】按钮；将当前时间设置为 00:00:02:06，将【不透明度】设置为 100%；将当前时间设置为 00:00:03:11，单击【不透明度】右侧的【添加 / 移除关键帧】按钮；将当前时间设置为 00:00:03:14，将【不透明度】设置为 60%；将当前时间设置为 00:00:03:17，将【不透明度】设置为 100%；将当前时间设置为 00:00:03:20，将【不透明度】设置为 60%；将当前时间设置为 00:00:03:23，将【不透明度】设置为 100%；将当前时间设置为 00:00:05:17，将【不透明度】设置为 0，如图 8-49 所示。

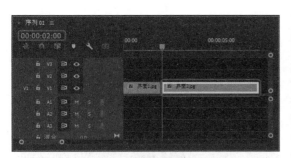

图 8-46

图 8-47

图 8-48

图 8-49

（7）将【推】特效拖曳至素材文件的开始处，在【效果控件】面板中将【持续时间】设置为 00:00:01:00，单击【从东向西】按钮，如图 8-50 所示。

（8）将当前时间设置为 00:00:04:11，将"界面 3.jpg"素材文件拖曳至 V3 轨道中，将其开始处与时间线对齐，将【持续时间】设置为 00:00:02:14，如图 8-51 所示。

（9）在【效果】面板中将【交叉溶解】特效拖曳至 V3 轨道文件的开始处，将当前时间设置为 00:00:00:00，将"手 .png"素材文件拖曳至 V3 轨道的上方，此时系统软件自动新建 V4 轨道，将其开始处与时间线对齐。将【持续时间】设置为 00:00:07:00，单击【位置】左侧的【切换动画】按钮，将【位置】设置为 1583.8、3272.7，【缩放】设置为 183，如图 8-52 所示。

（10）将当前时间设置为 00:00:00:24，将【位置】设置为 1388、1972.7，如图 8-53 所示。

图 8-50　　　　　　　　　　　　　　　　　　图 8-51

图 8-52　　　　　　　　　　　　　　　　　　图 8-53

（11）将当前时间设置为 00:00:01:09，将【位置】设置为 776.4、1972.7；将当前时间设置为 00:00:01:23，将【位置】设置为 1002.5、1972.7；将当前时间设置为 00:00:02:20，将【位置】设置为 823.5、1972.7；将当前时间设置为 00:00:03:14，将【位置】设置为 1343.6、951.5，如图 8-54 所示。

（12）将当前时间设置为 00:00:04:10，单击【不透明度】左侧的【切换动画】按钮；将当前时间设置为 00:00:04:20，将【不透明度】设置为 0，如图 8-55 所示。

图 8-54　　　　　　　　　　　　　　　　　　图 8-55

本案例将介绍进度条动画的制作方法，首先导入素材文件，通过为素材设置混合模式来达到最终效果，如图 8-56 所示。

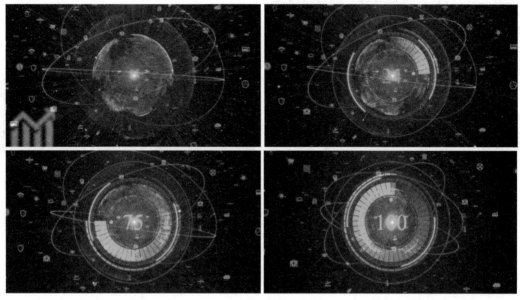

图 8-56

（1）新建项目文件和 DV-PAL 下的【宽屏 48kHz】序列文件，在【项目】面板的空白位置处双击鼠标左键，在弹出的对话框中导入"素材 \Cha08\ 进度条背景 .mp4、进度条 .mov"素材文件。选择【项目】面板中的"进度条背景 .mp4"素材文件，按住鼠标左键将其拖曳至V1 轨道中，在弹出的【剪辑不匹配警告】对话框中单击【保持现有设置】按钮，将【持续时间】设置为 00:00:12:06，并选择添加的素材文件，切换至【效果控件】面板，将【运动】下的【缩放】设置为 85，如图 8-57 所示。

（2）将当前时间设置为 00:00:02:05，在【项目】面板中将"进度条 .mov"拖曳至 V2 轨道中，将其开始处与时间线对齐，将【持续时间】设置为 00:00:10:01。在【效果控件】面板中将【缩放】设置为 70，【混合模式】设置为【线性减淡（添加）】，如图 8-58 所示。

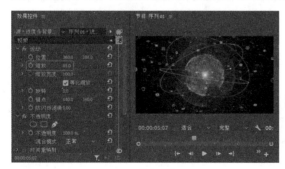

图 8-57

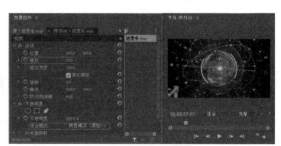

图 8-58

（3）在【效果】面板中搜索【胶片溶解】过渡效果，按住鼠标左键将其拖曳至"进度条 .mov"素材文件开始处，在【效果控件】面板中将【持续时间】设置为 00:00:01:05，如图 8-59 所示。

（4）进度条动画效果如图 8-60 所示。

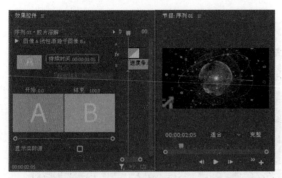
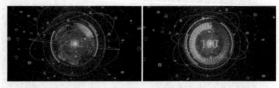

图 8-59 图 8-60

案例精讲 101 魅力都市动画

本案例选用多幅都市景点的素材图片。通过为素材图片添加并设置【放大】效果，将都市景点图逐个放大显示，以照片的形式进行浏览，效果如图 8-61 所示。

图 8-61

（1）新建项目文件和 DV-PAL 下的【宽屏 48kHz】序列文件，在【项目】面板的空白位置处双击鼠标左键，在弹出的对话框中导入"素材 \Cha08\ 都市 1.jpg、都市 2.jpg"素材文件。选择【项目】面板中的"都市 1.jpg"素材文件，按住鼠标左键将其拖曳至 V1 轨道中，将【持续时间】设置为 00:00:06:00。选择添加的素材文件，切换至【效果控件】面板，将【运动】下的【缩放】值设置为 162，如图 8-62 所示。

（2）将当前时间设置为 00:00:00:00，将"都市 2.jpg"素材文件拖曳至 V2 轨道中，将【持续时间】设置为 00:00:06:00，在【效果控件】面板中将【位置】设置为 360、860，单击左侧的【切换动画】按钮 ，将【缩放】设置为 81，如图 8-63 所示。

（3）将当前时间设置为 00:00:01:00，将【位置】设置为 360、694.9，如图 8-64 所示。

（4）将当前时间设置为 00:00:01:15，在【效果控件】面板中单击【位置】右侧的【添加 / 移除关键帧】按钮 ，添加关键帧，如图 8-65 所示。

图 8-62

图 8-63

图 8-64

图 8-65

（5）将当前时间设置为 00:00:02:00，将【位置】设置为 360、425。将当前时间设置为 00:00:02:15，在【效果控件】面板中单击【位置】右侧的【添加 / 移除关键帧】按钮■，添加关键帧，如图 8-66 所示。

（6）将当前时间设置为 00:00:03:00，将【位置】设置为 360、187。将当前时间设置为 00:00:03:15，在【效果控件】面板中单击【位置】右侧的【添加 / 移除关键帧】按钮■，添加关键帧，如图 8-67 所示。

图 8-66

图 8-67

（7）将当前时间设置为 00:00:04:00，将【位置】设置为 360、-45。将当前时间设置为 00:00:04:15，在【效果控件】面板中单击【位置】右侧的【添加 / 移除关键帧】按钮■，添加关键帧，如图 8-68 所示。

（8）将当前时间设置为 00:00:05:00，将【位置】设置为 360、-259，如图 8-69 所示。

图 8-68　　　　　　　　　　　图 8-69

（9）在【效果】面板中搜索并选中【放大】特效，按住鼠标左键将其拖曳至"都市 2.jpg"素材文件上，将当前时间设置为 00:00:00:00，在【效果控件】面板中将【形状】设置为【正方形】，【中央】设置为 220、0，【放大率】设置为 148，【大小】设置为 450，单击【中央】【大小】左侧的【切换动画】按钮，如图 8-70 所示。

（10）将当前时间设置为 00:00:01:00，将【中央】设置为 220、452，【大小】设置为 223，如图 8-71 所示。

 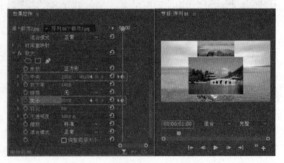

图 8-70　　　　　　　　　　　图 8-71

（11）将当前时间设置为 00:00:01:15，单击【中央】【大小】右侧的【添加 / 移除关键帧】按钮，添加关键帧，如图 8-72 所示。

（12）将当前时间设置为 00:00:02:00，将【中央】设置为 220、750。将当前时间设置为 00:00:02:15，单击【中央】右侧的【添加 / 移除关键帧】按钮，如图 8-73 所示。

图 8-72　　　　　　　　　　　图 8-73

（13）将当前时间设置为 00:00:03:00，将【中央】设置为 220、1050。将当前时间设置为 00:00:03:15，单击【中央】右侧的【添加／移除关键帧】按钮■，如图 8-74 所示。

（14）将当前时间设置为 00:00:04:00，将【中央】设置为 220、1349。将当前时间设置为 00:00:04:15，单击【中央】右侧的【添加／移除关键帧】按钮■，将【大小】设置为 226，如图 8-75 所示。

图 8-74

图 8-75

（15）将当前时间设置为 00:00:05:00，将【中央】设置为 220、1788，【大小】设置为 430，如图 8-76 所示。

图 8-76

案例精讲 102　保护动物动画

在制作短片之前，需要对设计的视频进行分析，不仅需要考虑将保护动物的思想表现出来，还需要从素材的颜色上进行筛选，以体现出动物的生命是受到人类威胁的，效果如图 8-77 所示。

图 8-77

（1）新建项目文件和 DV-PAL 下的【标准 48kHz】序列文件，在【项目】面板的空白位置处双击鼠标左键，在弹出的对话框中导入"素材 \Cha08\ 动物 1.jpg ～动物 7.jpg"素材文件。将【项目】面板中的"动物 1.jpg"素材文件拖曳至 V1 轨道中，将【持续时间】设置为 00:00:02:00，将【效果控件】面板中的【缩放】设置为 77，如图 8-78 所示。

（2）依次将"动物 2.jpg ～动物 7.jpg"素材文件拖曳至 V1 轨道中，对素材分别设置【缩放】参数，使素材在【节目】面板中正常显示。将"动物 2.jpg ～动物 6.jpg"的【持续时间】设置为 00:00:02:00，将"动物 7.jpg"素材文件的【持续时间】设置为 00:00:14:00，如图 8-79 所示。

图 8-78　　　　　　　　　　　　　　　　　　图 8-79

（3）在【效果】面板中搜索并选中【黑场过渡】效果，按住鼠标左键将其拖曳至"动物 1.jpg"素材文件开始处，将【持续时间】设置为 00:00:01:00，如图 8-80 所示。

（4）分别在【效果】面板中选择其他过渡效果，添加到素材文件上，使素材在播放的时候呈现视频过渡效果，将过渡效果的【持续时间】设置为 00:00:01:00，如图 8-81 所示。

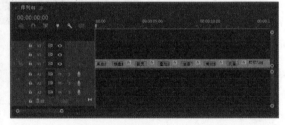

图 8-80　　　　　　　　　　　　　　　　　　图 8-81

（5）将当前时间设置为 00:00:12:13，使用【文字工具】 T 输入文字，将【字体】设置为【方正行楷简体】，【字体大小】设置为 90，【字距调整】设置为 0，将【填充】选项组中的【颜色】设置为白色，选中【描边】复选框，将【描边宽度】设置为 2.7，【颜色】设置为 #FFC000，如图 8-82 所示。

（6）选中【阴影】复选框，将【颜色】设置为 #FFC000，将【不透明度】【角度】【距离】【大小】【模糊】分别设置为 50%、45°、2、0、80，【位置】设置为 64.3、135.4，将持续时间设置为 00:00:04:00，如图 8-83 所示。

图 8-82　　　　　　　　　　　　　　　　图 8-83

（7）将当前时间设置为 00:00:12:13，选中文本，将【位置】设置为 -58、288，单击左侧的【切换动画】按钮，添加关键帧，如图 8-84 所示。

（8）将当前时间设置为 00:00:14:13，将【位置】设置为 360、288，如图 8-85 所示。

图 8-84　　　　　　　　　　　　　　　　图 8-85

（9）将当前时间设置为 00:00:15:13，将【缩放】设置为 100，单击左侧的【切换动画】按钮，单击【不透明度】左侧的【切换动画】按钮，如图 8-86 所示。

（10）将当前时间设置为 00:00:16:13，将【缩放】设置为 407，将【不透明度】设置为 0，如图 8-87 所示。

图 8-86　　　　　　　　　　　　　　　　图 8-87

（11）选中文本"人与动物"，按住 Alt 键将其拖曳至 V3 轨道中，复制文本，将文本替换为"息息相关"，选中【描边】复选框，将【颜色】设置为 #BDD700，【描边宽度】设置为 2.7，选中【阴影】复选框，将【阴影】选项组中的【颜色】设置为 # BDD700，【位置】设置为 214.3、255.4，如图 8-88 所示。

（12）将当前时间设置为 00:00:12:13，选中文本，将【位置】设置为 855、288，如图 8-89 所示。

图 8-88　　　　　　　　　　　　　　　　　　图 8-89

（13）确认当前时间为 00:00:16:13，使用【文字工具】T 输入文字"爱护动物"，将【字体】设置为【方正行楷简体】，【字体大小】设置为 90，【字距调整】设置为 0，将【填充】选项组中的【颜色】设置为白色，选中【描边】复选框，将【描边宽度】设置为 2.7，【颜色】设置为 #FFC000，如图 8-90 所示。

（14）选中【阴影】复选框，将【颜色】设置为 #FFC000，将【不透明度】【角度】【距离】【大小】【模糊】分别设置为 50%、45°、2、0、80，【位置】设置为 69.7、136.3，将持续时间设置为 00:00:09:12，如图 8-91 所示。

图 8-90　　　　　　　　　　　　　　　　　　图 8-91

（15）确认当前时间为 00:00:16:13，将【效果控件】面板中的【缩放】设置为 222，单击左侧的【切换动画】按钮，将【不透明度】设置为 0，单击左侧的【切换动画】按钮。将当前时间设置为 00:00:18:13，将【缩放】设置为 100，【不透明度】设置为 100%，如图 8-92 所示。

（16）选中文本"爱护动物"，按住 Alt 键将其拖曳至 V3 轨道中，复制文本，将文本替换为"禁止捕杀"，选中【描边】复选框，将【颜色】设置为 #00AEFF，将【阴影】选项组中的【颜色】设置为 # 00AEFF，【位置】设置为 290.7、245.3，如图 8-93 所示。

图 8-92 图 8-93

案例精讲 103 掉落的黑板动画【视频案例】

本案例通过设置【位置】【缩放】【锚点】关键帧制作卡通黑板掉落的动画，效果如图 8-94 所示。

图 8-94

案例精讲 104　　写字楼宣传动画【视频案例】

为了更直观地表现写字楼，本案例使用写字楼图片作为广告背景。使用红色矩形作为文字的底纹，能够突显出白色的文字，效果如图 8-95 所示。

图 8-95

案例精讲 105　　化妆品广告动画【视频案例】

本案例中设计的化妆品短片重在表现时尚、新潮及产品用后的效果。本案例在制作过程中主要通过输入文字并进行设置，为素材添加切换特效，效果如图 8-96 所示。

图 8-96

第09章　相机广告片头

本章导读:

　　随着时代的飞速发展，各式各样的广告片头随即出现，通过本案例的学习，可以使读者简单地了解如何制作广告片头。

案例精讲 106　导入素材文件【视频案例】

在制作相机广告片头动画之前，首先需要将素材文件导入【项目】面板中。

案例精讲 107　制作广告片头 01【视频案例】

导入素材文件后，接下来将介绍如何制作广告片头 01。

案例精讲 108　新建广告片头 02【视频案例】

下面将介绍如何制作广告片头 02，新建序列文件添加素材文件，设置缩放和位置关键帧，并添加【高斯模糊】特效，为横线和文字对象添加关键帧，用于增加序列的动态效果。

案例精讲 109　嵌套合成【视频案例】

制作完广告片头 02 后，需要将前面制作的广告片头 01 嵌套到广告片头 02 中。

案例精讲 110　添加音频文件【视频案例】

嵌套完成后，需要为广告片头添加音频文件，使得片头内容更加丰富。

案例精讲 111　输出广告片头【视频案例】

相机广告片头制作完成后需要对影片进行输出，这是关键的一步，它决定着影片的清晰度和播放质量。

第 10 章　简约多彩倒计时动画

本章导读：

倒计时动画通常用于影片开始前的倒计时准备，本章讲解简约多彩倒计时动画的制作方法。

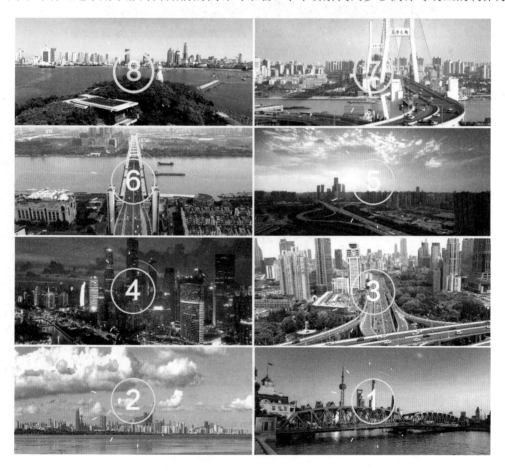

案例精讲 112　**新建项目文件与序列文件**

在制作倒计时动画之前，首先需要建立一个新的项目文件。

（1）在欢迎界面中单击【新建项目】按钮，设置文件的存储位置和名称，单击【创建】按钮，如图 10-1 所示。

图 10-1

（2）按 Ctrl+N 组合键，弹出【新建序列】对话框，切换到【设置】选项卡，将【编辑模式】设置为【自定义】，将【帧大小】【水平】分别设置为 1920、1080，将【像素长宽比】设置为【方形像素（1.0）】，【场】设置为【无场（逐行扫描）】，将【序列名称】设置为【倒计时动画】，单击【确定】按钮，如图 10-2 所示。

图 10-2

导入素材文件

本案例将讲解如何将所需的文件导入到【项目】面板中。

（1）在【项目】面板的空白位置处双击鼠标左键，弹出【导入】对话框，选择配送资源"素材 \Cha10\ 视频 1.mp4 ～视频 10.mp4、小圆 .mp4、黑边 .png、倒计时人声倒计时英文音效 .wav 和背景音乐 .wav"素材文件，单击【打开】按钮，如图 10-3 所示。

（2）在【项目】面板中可以查看导入的素材文件，如图 10-4 所示。

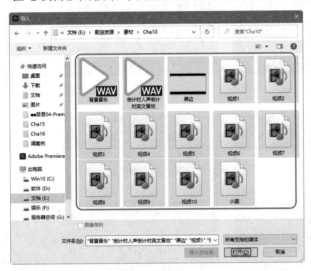

图 10-3　　　　　　　　　　　　　　　　图 10-4

制作倒计时动画

对视频 1～ 视频 10 进行处理，配合使用字幕，制作出倒计时动画。

（1）将当前时间设置为 00:00:00:00，在【项目】面板中将"视频 1.mp4"素材文件拖曳至【倒计时动画】序列面板 V1 轨道中，将其开始处与时间线对齐，单击鼠标右键，在弹出的快捷菜单中选择【速度 / 持续时间】命令，弹出【剪辑速度 / 持续时间】对话框，将【速度】和【持续时间】锁定，将【持续时间】设置为 00:00:01:19，单击【确定】按钮，如图 10-5 所示。

（2）在【效果控件】面板中将【缩放】设置为 110，在【效果】面板中搜索 Brightness & Contrast 特效，按住鼠标左键将其拖曳至"视频 1.mp4"素材文件上，在【效果控件】面板中将【亮度】【对比度】都设置为 15，如图 10-6 所示。

（3）将当前时间设置为 00:00:00:00，使用【文字工具】输入 10，将开始处与时间线对齐，将【持续时间】设置为 00:00:01:19，将【字体】设置为【方正兰亭中黑 _GBK】，【字体大小】设置为 200，颜色设置为白色，如图 10-7 所示。

（4）将【变换】选项组中的【位置】设置为 829.9、601.5，将当前时间设置为 00:00:00:02，在【效果控件】面板中将【不透明度】设置为 0，单击左侧的【切换动画】按钮，如图 10-8 所示。

图 10-5　　　　　　　　　　　　　　　图 10-6

图 10-7　　　　　　　　　　　　　　　图 10-8

（5）将当前时间设置为 00:00:00:09，将【不透明度】设置为 100%，如图 10-9 所示。
（6）将当前时间设置为 00:00:00:17，将【不透明度】设置为 0，如图 10-10 所示。

图 10-9　　　　　　　　　　　　　　　图 10-10

（7）将当前时间设置为 00:00:00:00，在【项目】面板中将"小圆 .mp4"素材文件拖曳至 V3 轨道中，将其开始处与时间线对齐，单击鼠标右键，在弹出的快捷菜单中选择【速度 / 持续时间】命令，弹出【剪辑速度 / 持续时间】对话框，取消【速度】和【持续时间】的锁定，将【速度】设置为 100%，将【持续时间】设置为 00:00:01:19，单击【确定】按钮，如

图 10-11 所示。

> 提示：
> 　　在改变视频或音频持续时间时，素材的速度会跟着一起改变。如果单击 ⟡ 按钮，会取消素材速度与持续时间的链接，在更改持续时间的同时不会更改素材的速度。

　　（8）在【效果控件】面板中将【不透明度】选项组下方的【混合模式】设置为【浅色】，如图 10-12 所示。

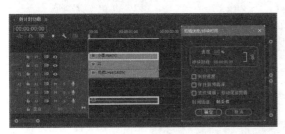

图 10-11 　　　　　　　　　　　　　　　　图 10-12

　　（9）将当前时间设置为 00:00:01:19，在【项目】面板中将"视频 2.mp4"素材文件拖曳至 V1 轨道中，将其开始处与时间线对齐，单击鼠标右键，在弹出的快捷菜单中选择【速度 / 持续时间】命令，弹出【剪辑速度 / 持续时间】对话框，取消【速度】和【持续时间】的锁定，将【速度】设置为 100%，将【持续时间】设置为 00:00:01:19，单击【确定】按钮，如图 10-13 所示。

　　（10）在【效果】面板中搜索 Brightness & Contrast 特效，将其选中并拖曳至"视频 2.mp4"素材文件上，在【效果控件】面板中将【亮度】【对比度】分别设置为 10、25，如图 10-14 所示。

图 10-13 　　　　　　　　　　　　　　　　图 10-14

　　（11）将当前时间设置为 00:00:03:13，在【项目】面板中将"视频 3.mp4"素材文件拖曳至 V1 轨道中，将其开始处与时间线对齐，单击鼠标右键，在弹出的快捷菜单中选择【速度 / 持续时间】命令，弹出【剪辑速度 / 持续时间】对话框，取消【速度】和【持续时间】的锁定，将【速度】设置为 100%，将【持续时间】设置为 00:00:01:19，单击【确定】按钮。在【效果】面板中搜索 Brightness & Contrast 特效，将其选中并拖曳至"视频 3.mp4"素材文件上，在【效果控件】面板中将【亮度】【对比度】分别设置为 2、10，如图 10-15 所示。

图 10-15

（12）依次将"视频 4.mp4～视频 10.mp4"素材文件拖曳至 V1 轨道中，取消【速度】和【持续时间】的锁定，将【速度】设置为 100%，将【持续时间】设置为 00:00:01:10，为"视频 4.mp4～视频 10.mp4"素材文件添加 Brightness & Contrast 特效，在【效果控件】面板中将【亮度】【对比度】都设置为 15，如图 10-16 所示。

图 10-16

（13）将当前时间设置为 00:00:01:19，将数字 10 复制至 V2 轨道，更改为数字 9，将其开始处与时间线对齐，将【持续时间】设置为 00:00:01:19，将【变换】选项组下方的【位置】设置为 889.9、601.5，如图 10-17 所示。

图 10-17

（14）使用同样的方法制作其他字幕文件至 V2 轨道中，并进行相应的设置，将"小圆 .mp4"素材文件添加至 V3 轨道中，设置速度持续时间，将【混合模式】设置为浅色，制作完成后的效果如图 10-18 所示。

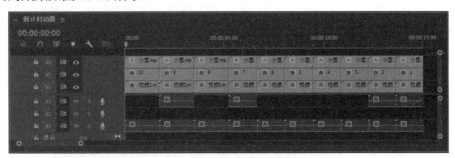

图 10-18

（15）框选如图 10-19 所示的对象。

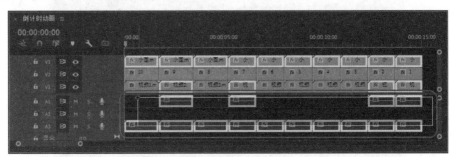

图 10-19

（16）单击鼠标右键，在弹出的快捷菜单中选择【取消链接】命令，选择 A1、A3 轨道中的多余音频文件，按 Delete 键进行删除。删除后的效果如图 10-20 所示。

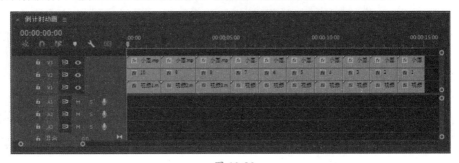

图 10-20

• • • • • • • • • • • •
案例精讲 115　**最终动画**

本例将制作倒计时的最终动画，新建【最终动画】序列文件，将【倒计时动画】序列拖曳至 V1 轨道中，将"黑边 .png"素材文件拖曳至 V2 轨道中，并进行相应的设置。

（1）按 Ctrl+N 组合键，弹出【新建序列】对话框，切换到【设置】选项卡，将【编辑模式】

设置为【自定义】，将【帧大小】【水平】分别设置为 1920、1080，将【像素长宽比】设置为【方形像素（1.0）】，【场】设置为【无场（逐行扫描）】，将【序列名称】设置为【最终动画】，单击【确定】按钮，如图 10-21 所示。

图 10-21

（2）将当前时间设置为 00:00:00:00，在【项目】面板中将【倒计时动画】序列文件拖曳至【最终动画】的 V1 轨道中，将其开始处与时间线对齐，单击鼠标右键，在弹出的快捷菜单中选择【取消链接】命令，将 A1 轨道中的文件删除。在【项目】面板中将"黑边 .png"素材文件拖曳至 V2 轨道中，将其开始处与时间线对齐，将其结尾处与 V1 轨道中【倒计时动画】序列文件的结尾处对齐，如图 10-22 所示。

图 10-22

案例精讲 116　添加人声倒计时英文音效

动画制作完成后，需要对动画添加音频文件，本例将讲解如何通过【剃刀工具】裁切人声倒计时英文音效。

（1）将当前时间设置为 00:00:00:00，在【项目】面板中将"倒计时人声倒计时英文音

效 .wav"音频文件拖曳至 A1 轨道中，将其开始处与时间线对齐，如图 10-23 所示。

（2）在工具栏中选择【剃刀工具】，将当前时间设置为 00:00:01:02，在时间线所处位置单击鼠标，对音频文件进行裁切，如图 10-24 所示。

> 💡 提示：
> 【剃刀工具】是裁剪视频和音频最为常用的工具，使用该工具结合时间线的设置可以提高裁剪的准确性。

图 10-23　　　　　　　　　　　　　　　　图 10-24

（3）将当前时间设置为 00:00:01:19，在工具栏中选择【选择工具】，选中裁切的后半部分音频文件，将其开始处与时间线对齐，将当前时间设置为 00:00:02:24，使用【剃刀工具】进行裁切，如图 10-25 所示。

（4）将当前时间设置为 00:00:03:13，将裁切的后半部分音频文件的开始处与时间线对齐，将当前时间设置为 00:00:04:11，使用【剃刀工具】进行裁切，如图 10-26 所示。

 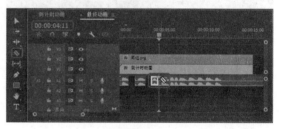

图 10-25　　　　　　　　　　　　　　　　图 10-26

（5）将当前时间设置为 00:00:05:07，将裁切的后半部分音频文件的开始处与时间线对齐，将当前时间设置为 00:00:06:13，使用【剃刀工具】进行裁切，如图 10-27 所示。

（6）将当前时间设置为 00:00:06:17，将裁切的后半部分音频文件的开始处与时间线对齐，将当前时间设置为 00:00:07:18，使用【剃刀工具】进行裁切，如图 10-28 所示。

图 10-27　　　　　　　　　　　　　　　　图 10-28

（7）将当前时间设置为 00:00:08:02，将裁切的后半部分音频文件的开始处与时间线对齐，将当前时间设置为 00:00:09:02，使用【剃刀工具】进行裁切，如图 10-29 所示。

（8）将当前时间设置为 00:00:09:12，将裁切的后半部分音频文件的开始处与时间线对齐，将当前时间设置为 00:00:10:10，使用【剃刀工具】进行裁切，如图 10-30 所示。

图 10-29

图 10-30

（9）将当前时间设置为 00:00:10:22，将裁切的后半部分音频文件的开始处与时间线对齐，将当前时间设置为 00:00:11:21，使用【剃刀工具】进行裁切，如图 10-31 所示。

（10）将当前时间设置为 00:00:12:06，将裁切的后半部分音频文件的开始处与时间线对齐，将当前时间设置为 00:00:13:04，使用【剃刀工具】进行裁切，如图 10-32 所示。

图 10-31

图 10-32

（11）将当前时间设置为 00:00:13:16，将裁切的后半部分音频文件的开始处与时间线对齐，将当前时间设置为 00:00:14:21，使用【剃刀工具】进行裁切，选中多余的音频，按 Delete 键删除，如图 10-33 所示。

图 10-33

案例精讲 117　　对背景音乐进行处理

下面将讲解如何对背景音乐进行处理，通过分别设置背景音乐的速度、持续时间，然后为音频文件添加【指数淡化】音频过渡效果来完成对背景音乐的处理。

（1）将当前时间设置为 00:00:00:00，在【项目】面板中将"背景音乐 .wav"音频文件拖曳至 A2 轨道中，单击鼠标右键，在弹出的快捷菜单中选择【速度 / 持续时间】命令，弹出【剪辑速度 / 持续时间】对话框，取消【速度】和【持续时间】的锁定，将【速度】设置为 100%，将【持续时间】设置为 00:00:15:02，单击【确定】按钮，如图 10-34 所示。

（2）在【效果】面板中搜索【指数淡化】音频过渡效果，将其选中并拖曳至"背景音乐 .wav"音频文件的结尾处，如图 10-35 所示。

图 10-34

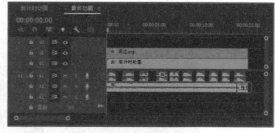

图 10-35

案例精讲 118　　导出影片

视频动画制作完成后，需要对动画进行输出，用户可以根据需要保存为自己需要的格式。

（1）在菜单栏中选择【文件】|【导出】|【媒体】命令，单击【位置】右侧的蓝色文字，如图 10-36 所示。

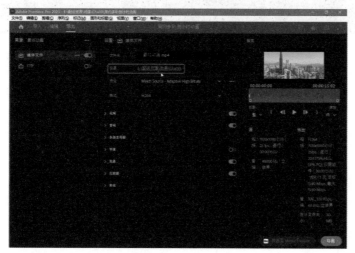

图 10-36

（2）弹出【另存为】对话框，设置保存路径，将【文件名】命名为"简约多彩倒计时动画"，【保存类型】设置为"视频文件（*.mp4）"，单击【保存】按钮，如图 10-37 所示。

图 10-37

（3）单击【导出】按钮，在弹出的对话框中可以观察到渲染进度，进行等待即可，如图 10-38 所示。

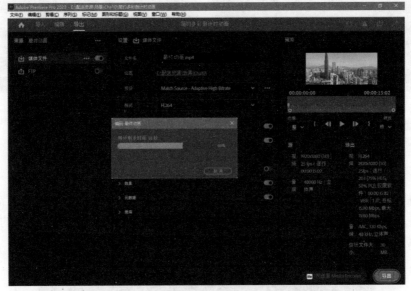

图 10-38

第 11 章 足球节目预告动画

本章导读:

本章将根据前面所介绍的知识制作一个足球节目预告。

在制作足球节目预告之前，首先制作一个开场动画进行过渡，操作步骤如下。

　　（1）新建项目和序列，将【序列】设置为 DV-PAL |【标准 48 kHz】选项，将【序列名称】设置为【开场动画】。在【项目】面板的空白位置处双击鼠标左键，弹出【导入】对话框，在弹出的对话框中选择"素材 \Cha11"文件夹中所有的素材文件，单击【打开】按钮，在【项目】面板中观察导入的素材文件，如图 11-1 所示。

　　（2）将当前时间设置为 00:00:00:00，在【项目】面板中选择"视频 01.mp4"，按住鼠标左键将其拖曳至 V1 视频轨道中，在弹出的对话框中单击【保持现有设置】按钮，取消链接，将 A1 轨道中的音频删除。在【效果】面板中搜索【交叉溶解】过渡效果，选中并将其拖曳至 V1 视频轨道中的"视频 01.mp4"素材文件的结尾处，选中添加的【交叉溶解】过渡效果，在【效果控件】面板中将【持续时间】设置为 00:00:00:15，如图 11-2 所示。

图 11-1　　　　　　　　　　　图 11-2

　　（3）选中 V1 视频轨道中的"视频 01.mp4"素材文件，在【效果控件】面板中将【缩放】设置为 54，如图 11-3 所示。

　　（4）将当前时间设置为 00:00:06:01，在【项目】面板中选择"球场背景 .png"素材文件，按住鼠标左键将其拖曳至 V2 视频轨道中，将其开始处与时间线对齐，将【持续时间】设置为 00:00:03:12，如图 11-4 所示。

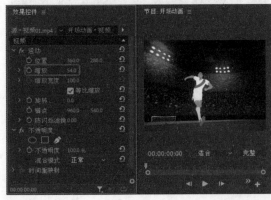

图 11-3　　　　　　　　　　　图 11-4

（5）将当前时间设置为 00:00:06:01，在【项目】面板中选择"球.mp4"素材文件，按住鼠标左键将其拖曳至 V3 视频轨道中，将其开始处与时间线对齐，将【持续时间】设置为 00:00:03:12，如图 11-5 所示。

> **提示：**
> 在设置【球.mp4】素材文件的持续时间时，需要将【速度】与【持续时间】取消链接，这样只会缩短视频素材的持续时间，并不会改变视频的速度。

（6）选中 V3 视频轨道中的"球.mp4"素材文件，在【效果控件】面板中将【缩放】设置为 27，如图 11-6 所示。

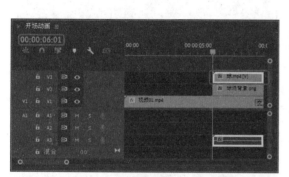

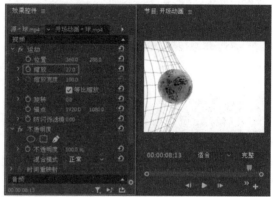

图 11-5   图 11-6

（7）将当前时间设置为 00:00:06:01，在【项目】面板中选择"球 - 遮罩.mp4"素材文件，按住鼠标左键将其拖曳至 V3 视频轨道上方，自动创建 V4 视频轨道，将其开始处与时间线对齐，将【持续时间】设置为 00:00:03:12，如图 11-7 所示。

> **提示：**
> 在设置"球 - 遮罩.mp4"素材文件的持续时间时，需要将【速度】与【持续时间】取消链接，这样只会缩短视频素材的持续时间，并不会改变视频的速度。

（8）选中 V4 视频轨道中的"球 - 遮罩.mp4"素材文件，在【效果】面板中搜索【颜色键】视频效果，双击鼠标左键，将其添加至选中的素材文件上。在【效果控件】面板中将【缩放】设置为 27，将【不透明度】下的【混合模式】设置为【滤色】，将【颜色键】下的【主要颜色】设置为 #010001，将【颜色容差】【边缘细化】【羽化边缘】分别设置为 255、5、8.5，如图 11-8 所示。

（9）设置完成后，将 V4 视频轨道关闭，效果如图 11-9 所示。

（10）选择 V3 视频轨道中的"球.mp4"视频文件，在【效果】面板中选择 Set Matte 与 Brightness & Contrast 视频效果，为选中的视频文件添加该效果。在【效果控件】面板中将 Set Mattc 下的【从图层获取遮罩】设置为【视频 4】，将【用于遮罩】设置为【蓝色通道】，将 Brightness & Contrast 下的【亮度】【对比度】分别设置为 50、25，如图 11-10 所示。

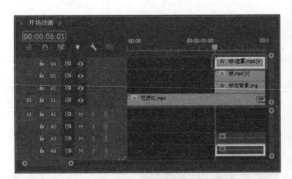

图 11-7

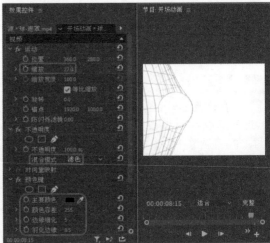

图 11-8

图 11-9

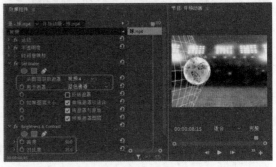

图 11-10

（11）将当前时间设置为 00:00:06:01，在【项目】面板中选择"球 - 装饰 .mp4"素材文件，按住鼠标左键将其拖曳至 V4 视频轨道的上方，自动创建 V5 视频轨道，将其开始处与时间线对齐，将【持续时间】设置为 00:00:03:12，如图 11-11 所示。

提示：
在设置"球 - 装饰 .mp4"素材文件的持续时间时，需要将【速度】与【持续时间】进行链接，在改变视频素材的持续时间的同时，同样改变播放速度。

（12）选中 V5 视频轨道中的素材文件，将当前时间设置为 00:00:07:16，在【效果控件】面板中将【位置】设置为 155、297，单击【位置】左侧的【切换动画】按钮 ，将【缩放】设置为 27，将【不透明度】下的【混合模式】设置为【浅色】，如图 11-12 所示。

（13）将当前设置为 00:00:09:09，在【效果控件】面板中将【位置】设置为 300、297，如图 11-13 所示。

（14）将当前时间设置为 00:00:00:00，在【项目】面板中选择"音乐 01.mp3"素材文件，按住鼠标左键将其拖曳至 A1 音频轨道中，将多余的音频取消链接并删除，如图 11-14 所示。

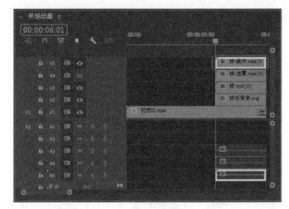

图 11-11

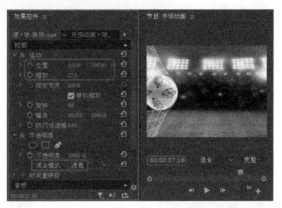

图 11-12

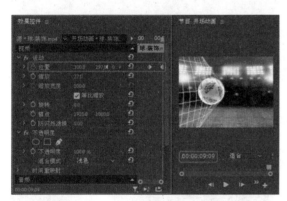

图 11-13

图 11-14

案例精讲 120 **制作视频短片封面**

下面将介绍如何制作视频短片封面，其具体操作步骤如下。

（1）按 Ctrl+N 组合键，在弹出的对话框中将【序列名称】设置为【封面】，如图 11-15 所示。

（2）切换到【轨道】选项卡，将【视频】设置为 4 轨道，如图 11-16 所示。

（3）设置完成后，单击【确定】按钮。在【项目】面板中的空白位置处右击鼠标，在弹出的快捷菜单中选择【新建项目】|【颜色遮罩】命令，如图 11-17 所示。

（4）在弹出的【新建颜色遮罩】对话框中使用默认参数，单击【确定】按钮，再在弹出的【拾色器】对话框中将颜色设置为＃E0F0C2，如图 11-18 所示。

（5）设置完成后，单击【确定】按钮，在弹出的对话框中使用默认参数，单击【确定】按钮。将当前时间设置为 00:00:00:00，在【项目】面板中选择【颜色遮罩】素材文件，按住鼠标左键将其拖曳至 V1 视频轨道中，将其开始处与时间线对齐，并将【持续时间】设置为 00:00:21:00，如图 11-19 所示。

（6）选中 V1 视频轨道中的【颜色遮罩】素材文件，为其添加【渐变】视频效果，在【效果控件】面板中将【渐变】下的【渐变起点】设置为 360、281，【起始颜色】设置为＃

54575F，【渐变终点】设置为 290、751，【结束颜色】设置为 # 131519，【渐变形状】设置为【径向渐变】，如图 11-20 所示。

图 11-15

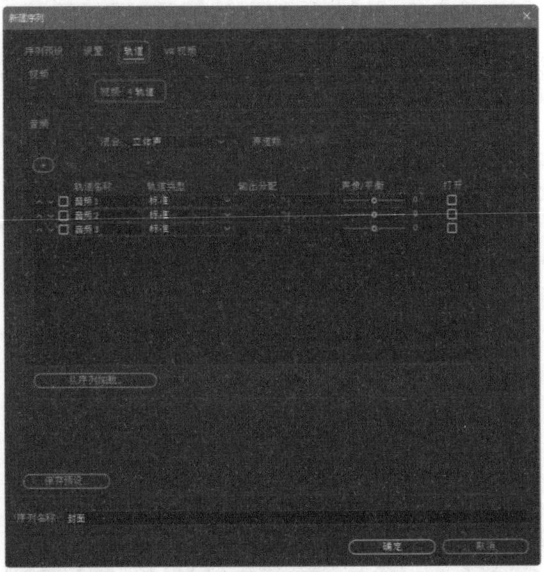

图 11-16

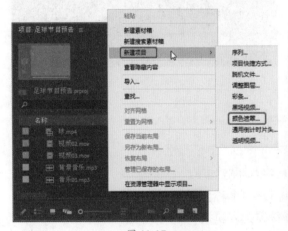

图 11-17

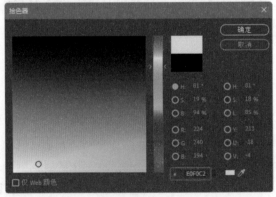

图 11-18

图 11-19

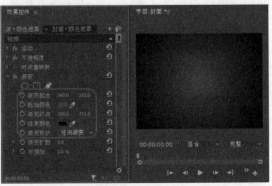

图 11-20

（7）在【项目】面板中的空白位置处右击鼠标，在弹出的快捷菜单中选择【新建项目】|【颜色遮罩】命令，在弹出的【新建颜色遮罩】对话框中单击【确定】按钮，再在弹出的【拾色器】对话框中将颜色设置为 #FFFFFF，如图 11-21 所示。

（8）设置完成后，单击【确定】按钮，在弹出的对话框中将遮罩名称设置为【白色遮罩】，单击【确定】按钮。将当前时间设置为 00:00:00:00，在【项目】面板中选择【白色遮罩】素材文件，按住鼠标左键将其拖曳至 V2 视频轨道中，将其开始处与时间线对齐，将【持续时间】设置为 00:00:21:00，如图 11-22 所示。

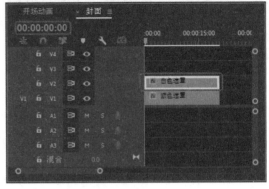

图 11-21　　　　　　　　　　　　　　　　图 11-22

（9）选中 V2 视频轨道中的【白色遮罩】，为其添加【径向擦除】视频效果，在【效果控件】面板中将【不透明度】设置为 25%，将【混合模式】设置为【相乘】，将【径向擦除】下的【过渡完成】【起始角度】分别设置为 50%、-19.5°，将【擦除】设置为【两者兼有】，如图 11-23 所示。

（10）继续选中 V2 视频轨道中的【白色遮罩】，为其添加【投影】视频效果，在【效果控件】面板中将【投影】下的【阴影颜色】设置为 #000000，将【不透明度】【方向】【距离】【柔和度】分别设置为 42%、1×13.0°、42、168，如图 11-24 所示。

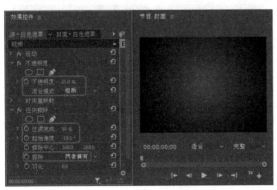
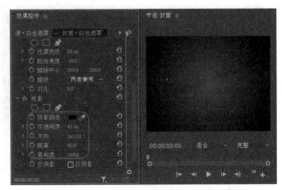

图 11-23　　　　　　　　　　　　　　　　图 11-24

（11）继续选中 V2 视频轨道中的【白色遮罩】，按住 Alt 键将其复制至 V3 视频轨道中，选中 V3 视频轨道中的素材文件，在【效果控件】面板中将【径向擦除】下的【起始角度】设置为 -29°，如图 11-25 所示。

（12）继续将该素材复制至 V4 视频轨道中，选中 V4 视频轨道中的素材文件，在【效果控件】面板中将【径向擦除】下的【起始角度】设置为 -42°，如图 11-26 所示。

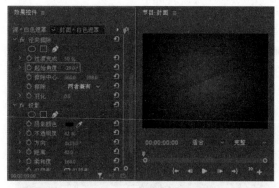

图 11-25   图 11-26

案例精讲 121   制作预告封面动画

制作完成预告封面后，将对其进行相应的设置，以使其实现动画效果，具体操作步骤如下。

（1）新建一个【序列名称】为【封面动画】的 DV-PAL | 【标准 48kHz】序列，将当前时间设置为 00:00:00:00，在【项目】面板中选择【颜色遮罩】素材文件，按住鼠标左键将其拖曳至 V1 视频轨道中，将其开始处与时间线对齐，将【持续时间】设置为 00:00:20:01，如图 11-27 所示。

（2）确认当前时间为 00:00:00:00，在【项目】面板中选择【封面】序列文件，按住鼠标左键将其拖曳至 V2 视频轨道中，将其开始处与时间线对齐，将【持续时间】设置为 00:00:20:01，并取消速度与持续时间的链接，如图 11-28 所示。

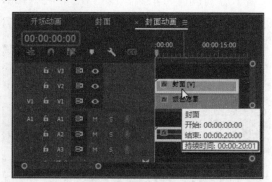

图 11-27   图 11-28

（3）选中 V2 视频轨道中的【封面】序列文件，为其添加【径向擦除】视频效果，将当前时间设置为 00:00:01:10，将【过渡完成】设置为 50%，单击【过渡完成】左侧的【切换动画】按钮⏱，将【起始角度】设置为 180°，单击【擦除中心】左侧的【切换动画】按钮⏱，将【擦除】设置为【顺时针】，如图 11-29 所示。

（4）将当前时间设置为00:00:01:20，在【效果控件】面板中将【过渡完成】设置为79%，将【擦除中心】设置为360、386，如图11-30所示。

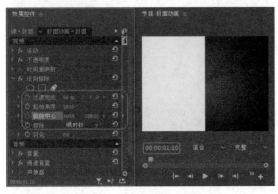

图11-29　　　　　　　　　　　图11-30

（5）将当前时间设置为00:00:16:01，在【效果控件】面板中单击【过渡完成】及【擦除中心】右侧的【添加/移除关键帧】按钮，如图11-31所示。

（6）将当前时间设置为00:00:16:11，在【效果控件】面板中将【径向擦除】下的【过渡完成】设置为50%，将【擦除中心】设置为360、288，如图11-32所示。

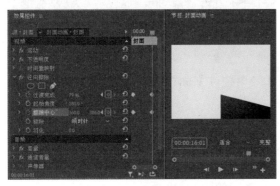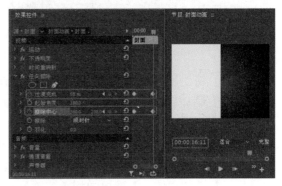

图11-31　　　　　　　　　　　图11-32

（7）将当前时间设置为00:00:00:00，在【项目】面板中选择【封面】序列文件，按住鼠标左键将其拖曳至V3视频轨道中，将其开始处与时间线对齐，取消其速度与持续时间的链接，将【持续时间】设置为00:00:20:01，如图11-33所示。

（8）选中V3视频轨道中的【封面】序列文件，为其添加【径向擦除】视频效果，将当前时间设置为00:00:01:10，在【效果控件】面板中将【过渡完成】设置为50%，单击其左侧的【切换动画】按钮，将【起始角度】设置为180°，单击【擦除中心】左侧的【切换动画】按钮，将【擦除】设置为【逆时针】，如图11-34所示。

（9）将当前时间设置为00:00:01:20，在【效果控件】面板中将【过渡完成】设置为53%，将【擦除中心】设置为360、386，如图11-35所示。

（10）将当前时间设置为00:00:16:01，在【效果控件】面板中单击【过渡完成】及【擦除中心】右侧的【添加/移除关键帧】按钮，如图11-36所示。

图 11-33

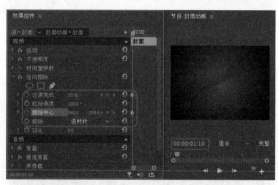

图 11-34

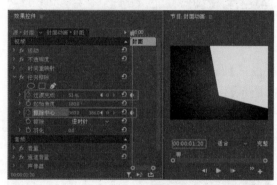

图 11-35

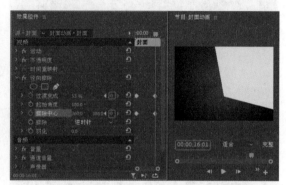

图 11-36

（11）将当前时间设置为 00:00:16:11，在【效果控件】面板中将【过渡完成】设置为 50%，将【擦除中心】设置为 360、288，如图 11-37 所示。

（12）新建一个【序列名称】为【转动的足球】的 DV-PAL |【标准 48kHz】序列，将当前时间设置为 00:00:00:00，在【项目】面板中选择"视频 02.mov"素材文件，按住鼠标左键将其拖曳至 V1 视频轨道中，在弹出的对话框中单击【保持现有设置】按钮，选中添加的素材文件，在【效果控件】面板中将【缩放】设置为 50，如图 11-38 所示。

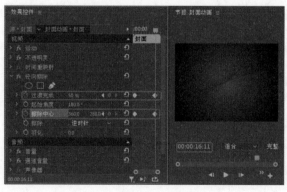

图 11-37

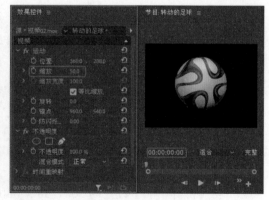

图 11-38

（13）选中 V1 视频轨道中的"视频 02.mov"素材文件，按住 Alt 键向右复制六个视频，并将复制的视频的开始处与前一个视频的结尾处对齐，如图 11-39 所示。

（14）将当前时间设置为 00:00:20:01，选中 V1 视频轨道中的最后一个视频素材，选择【剃刀工具】，在时间线位置处单击鼠标，对选中的素材文件进行裁剪，如图 11-40 所示。

图 11-39

图 11-40

（15）将时间线右侧的视频素材删除，切换至【封面动画】序列文件中，将当前时间设置为 00:00:00:00，在【效果控件】面板中选择【转动的足球】序列文件，按住鼠标左键将其拖曳至 V3 视频轨道上方的空白处，自动创建 V4 视频轨道，将其开始处与时间线对齐。选中该素材文件，将当前时间设置为 00:00:01:10，在【效果控件】面板中将【位置】设置为 364、295，单击【位置】左侧的【切换动画】按钮 ⏱，将【缩放】设置为 33，如图 11-41 所示。

（16）将当前时间设置为 00:00:01:20，在【效果控件】面板中将【位置】设置为 364、393，如图 11-42 所示。

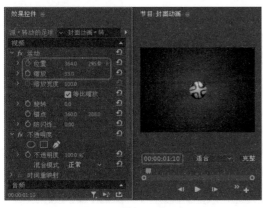
图 11-41

图 11-42

（17）将当前时间设置为 00:00:16:01，在【效果控件】面板中单击【位置】右侧【添加 / 移除关键帧】按钮 ◎，如图 11-43 所示。

（18）将当前时间设置为 00:00:16:11，在【效果控件】面板中将【位置】设置为 364、295，如图 11-44 所示，设置完成后，将 V1 视频轨道关闭显示。

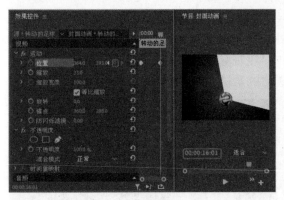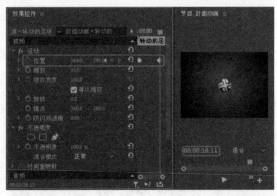

图 11-43　　　　　　　　　　　　　　　图 11-44

◆◆◆◆◆◆◆
案例精讲 122　　**制作节目预告动画**

下面将介绍如何创建节目预告动画，具体操作步骤如下。

（1）新建一个【序列名称】为【预告动画】的 DV-PAL |【标准 48kHz】序列，将当前时间设置为 00:00:00:00，在【项目】面板中选择【颜色遮罩】素材文件，按住鼠标左键将其拖曳至 V1 视频轨道中，将其开始处与时间线对齐，将【持续时间】设置为 00:00:18:10，如图 11-45 所示。

（2）选中该素材文件，为其添加【渐变】视频效果，在【效果控件】面板中将【渐变起点】设置为 360、195，【起始颜色】设置为 # A9AB9D，【渐变终点】设置为 472、576，【结束颜色】设置为 # A9AB9D，将【渐变形状】设置为【径向渐变】，如图 11-46 所示。

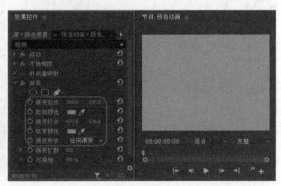

图 11-45　　　　　　　　　　　　　　　图 11-46

（3）将当前时间设置为 00:00:01:16，在【项目】面板中选择【颜色遮罩】素材文件，按住鼠标左键将其拖曳至 V3 视频轨道中，将其开始处与时间线对齐，将【持续时间】设置为 00:00:16:06，如图 11-47 所示。

（4）继续选中该素材文件，为其添加 Color Replace、【径向擦除】及【投影】视频效果，将当前时间设置为 00:00:02:06，在【效果控件】面板中将 Color Replace 下的 Similarity 设置为 8，Target Color 设置为 # DFF0C1，Replace Color 设置为 # A3DF2E，单击【径向擦除】下的【过渡完成】左侧的【切换动画】按钮⏱，将【起始角度】设置为-6°，将【擦除中心】设置为363、437，将【投影】下的【不透明度】【方向】【距离】【柔和度】分别设置为35%、401、10、50，如图11-48所示。

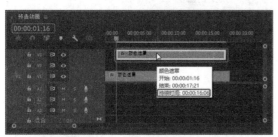

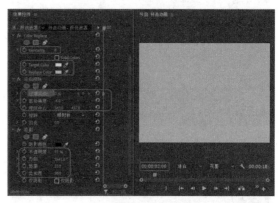

图 11-47   图 11-48

（5）将当前时间设置为00:00:02:15，在【效果控件】面板中将【过渡完成】设置为30%，如图11-49所示。

（6）将当前时间设置为00:00:06:08，在【效果控件】面板中单击【过渡完成】右侧的【添加/移除关键帧】按钮，如图11-50所示。

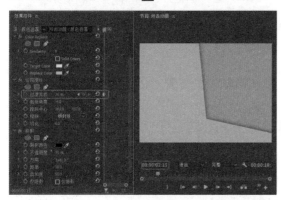

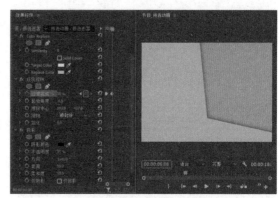

图 11-49   图 11-50

（7）将当前时间设置为00:00:06:16，在【效果控件】面板中将【过渡完成】设置为0，如图11-51所示。

（8）将当前时间设置为00:00:07:01，在【效果控件】面板中单击【过渡完成】右侧的【添加/移除关键帧】按钮，如图11-52所示。

（9）将当前时间设置为00:00:07:09，在【效果控件】面板中将【过渡完成】设置为30%，如图11-53所示。

（10）将当前时间设置为00:00:10:16，在【效果控件】面板中单击【过渡完成】右侧的【添加/移除关键帧】按钮，如图11-54所示。

图 11-51　　　　　　　　　　　　　图 11-52

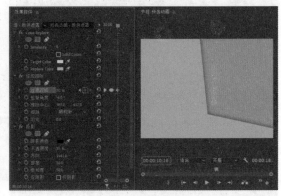

图 11-53　　　　　　　　　　　　　图 11-54

（11）将当前时间设置为 00:00:10:23，在【效果控件】面板中将【过渡完成】设置为 28%，如图 11-55 所示。

（12）将当前时间设置为 00:00:11:07，在【效果控件】面板中将【过渡完成】设置为 0，如图 11-56 所示。

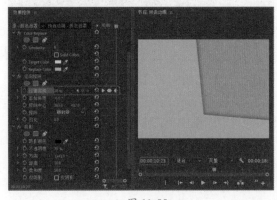
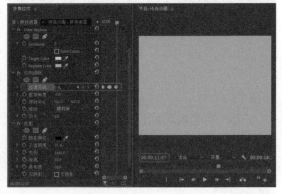

图 11-55　　　　　　　　　　　　　图 11-56

（13）将当前时间设置为 00:00:11:18，在【效果控件】面板中单击【过渡完成】右侧的【添加 / 移除关键帧】按钮，如图 11-57 所示。

（14）将当前时间设置为00:00:12:02，在【效果控件】面板中将【过渡完成】设置为30%，如图11-58所示。

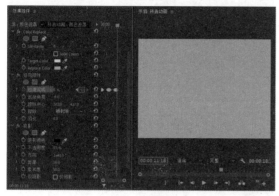

图 11-57

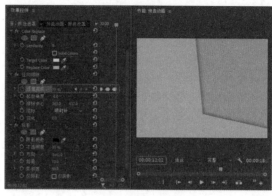

图 11-58

（15）将当前时间设置为00:00:15:17，在【效果控件】面板中单击【过渡完成】右侧的【添加 / 移除关键帧】按钮，如图11-59所示。

（16）将当前时间设置为00:00:16:00，在【效果控件】面板中将【过渡完成】设置为0，如图11-60所示。

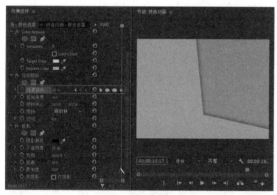

图 11-59

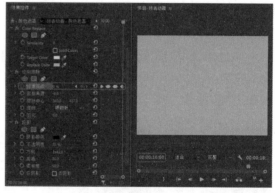

图 11-60

（17）将当前时间设置为00:00:01:16，在【项目】面板中选择【颜色遮罩】素材文件，按住鼠标左键将其拖曳至V3轨道上方，系统自动建立V4视频轨道，将其开始处与时间线对齐，将【持续时间】设置为00:00:16:06，如图11-61所示。

（18）将当前时间设置为00:00:01:23，选中该素材文件，在【效果控件】面板中将【位置】设置为489、717，单击【位置】与【旋转】左侧的【切换动画】按钮，将【旋转】设置为-62.6°，如图11-62所示。

（19）将当前时间设置为00:00:02:08，将【位置】设置为1022、134.4，将【旋转】设置为-118.3°，如图11-63所示。

（20）将当前时间设置为00:00:06:09，在【效果控件】面板中单击【位置】与【旋转】右侧的【添加 / 移除关键帧】按钮，如图11-64所示。

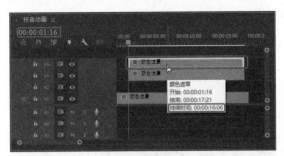

图 11-61

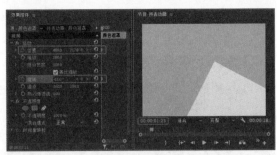

图 11-62

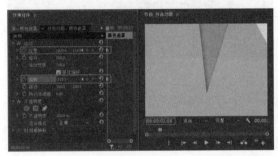

图 11-63

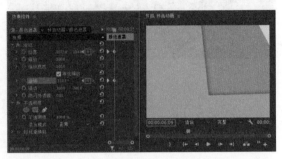

图 11-64

（21）使用相同的方法添加其他关键帧，并根据相同的方法创建其他对象，如图 11-65 所示。

（22）将当前时间设置为 00:00:02:05，在【项目】面板中选择"图 01.jpg"素材文件，将其拖曳至 V2 视频轨道中，将其开始处与时间线对齐，将【持续时间】设置为 00:00:04:11，如图 11-66 所示。

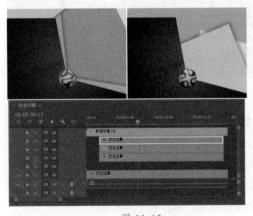

图 11-65

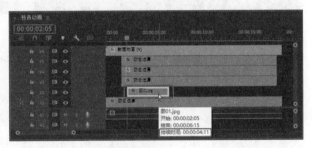

图 11-66

（23）将当前时间设置为 00:00:02:06，在【效果控件】面板中将【位置】设置为 698、270，并单击其左侧的【切换动画】按钮，将【缩放】设置为 61，如图 11-67 所示。

（24）将当前时间设置为 00:00:06:16，在【效果控件】面板中将【位置】设置为 306、270，如图 11-68 所示。

图 11-67

图 11-68

（25）使用同样的方法添加另外两个素材文件，并对它们进行相应的设置，如图 11-69 所示。

图 11-69

（26）将当前时间设置为 00:00:00:00，在 V7 轨道中选择【文字工具】**T**，单击鼠标，输入文字，将其开始处与时间线对齐，将【字体】设置为【黑体】，【字体大小】设置为35，在【填充】选项组中将【颜色】设置为#FFFFFF，如图 11-70 所示。

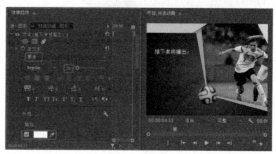

图 11-70

（27）在【变换】选项组中将【位置】设置为 12.4、122.1，将【持续时间】设置为00:00:18:10，如图 11-71 所示。

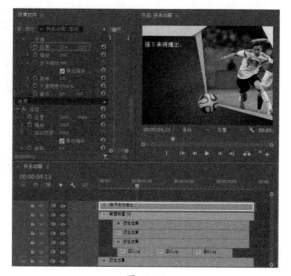

图 11-71

（28）将当前时间设置为 00:00:01:20，选中 V7 视频轨道中的文本，在【效果控件】面板中将【矢量运动】|【位置】设置为 75、288，单击其左侧的【切换动画】按钮 ⏺，如图 11-72 所示。

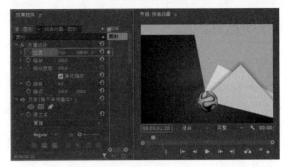

图 11-72

（29）将当前时间设置为 00:00:02:01，在【效果控件】面板中将【位置】设置为 360、288，如图 11-73 所示。

（30）将当前时间设置为 00:00:15:08，在【效果控件】面板中单击【位置】右侧的【添加 / 移除关键帧】按钮 ⏺，如图 11-74 所示。

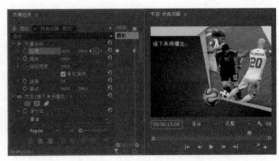

图 11-73   图 11-74

（31）将当前时间设置为 00:00:15:15，在【效果控件】面板中将【位置】设置为 75、288，如图 11-75 所示，效果如图 11-76 所示。

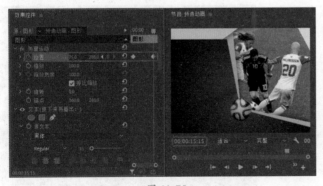

图 11-75   图 11-76

（32）使用同样的方法添加其他文字，并对其添加的文字进行设置，效果如图 11-77、图 11-78 所示。

图 11-77　　　　　　　　　　　　　　　　　图 11-78

案例精讲 123　制作足球节目预告最终动画

下面将介绍如何将前面所创建的序列进行嵌套，具体操作步骤如下。

（1）新建一个【序列名称】为【足球节目预告】的 DV-PAL |【标准 48kHz】序列，将当前时间设置为 00:00:00:00，在【项目】面板中将【开场动画】序列文件拖曳至 V1 视频轨道中，将其开始处与时间线对齐，如图 11-79 所示。

（2）将当前时间设置为 00:00:09:13，在【项目】面板中将"视频 03.mov"视频文件拖曳至 V2 视频轨道中，将其开始处与时间线对齐，如图 11-80 所示。

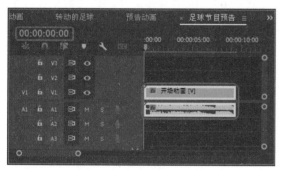

图 11-79　　　　　　　　　　　　　　　　　图 11- 80

（3）选中 V2 视频轨道中的视频文件，在【效果控件】面板中将【缩放】设置为 54，如图 11-81 所示。

（4）将当前时间设置为 00:00:10:20，在【项目】面板中将【预告动画】序列文件拖曳至 V3 视频轨道中，将其开始处与时间线对齐，如图 11-82 所示。

（5）将当前时间设置为 00:00:00:00，在【项目】面板中选择"背景音乐 .mp3"音频文件，按住鼠标左键将其拖曳至 A2 音频轨道中，将当前时间设置为 00:00:11:13，在工具栏中选择【剃刀工具】，在时间线位置对背景音乐进行裁剪，如图 11-83 所示。

（6）将裁剪后的左侧音频文件删除，将当前时间设置为 00:00:30:24，使用【剃刀工具】在时间线位置对背景音乐进行裁剪，如图 11-84 所示。

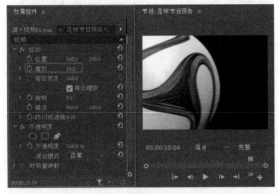

图 11-81

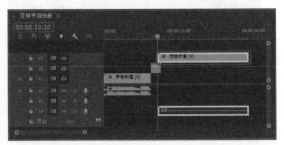

图 11-82

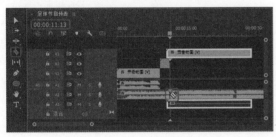

图 11-83

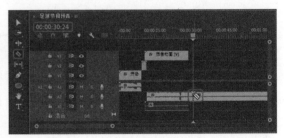

图 11-84

（7）将裁剪后的右侧音频文件删除，将当前时间设置为 00:00:09:18，将剩余的音频文件的开始处与时间线对齐，将当前时间设置为 00:00:26:07，选中音频文件，在【效果控件】面板中单击【级别】右侧的【添加 / 移除关键帧】按钮，如图 11-85 所示。

（8）将当前时间设置为 00:00:29:04，在【效果控件】面板中将【级别】设置为 -30dB，如图 11-86 所示。

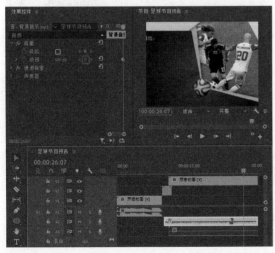

图 11-85

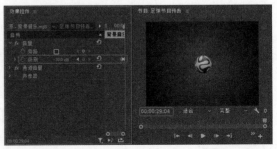

图 11-86

第 12 章　禁止酒驾公益短片

本章导读：

    本章将根据前面所学的知识来制作禁止酒驾公益短片，从而提醒人们遵守交通规则，坚决杜绝侥幸心理，预防交通事故发生。

案例精讲 124　　制作闯红灯动画

在本案例中通过多个小动画来简单地讲解了违反交通规则的危害，下面将介绍如何制作案例中的第一个动画效果，具体操作步骤如下。

（1）在欢迎界面中单击【新建项目】按钮，设置项目名称和保存路径，单击【创建】按钮，如图 12-1 所示。

（2）在【项目】面板的空白位置处双击鼠标左键，弹出【导入】对话框，选择"配送资源\素材 \Cha12\1.jpg、2.jpg、交通指示灯 .png、手 .png、背景 .jpg、视频 01.avi、视频 02.mp4、视频 03.avi、视频 04.mp4、车 .png、车速表 .png、轮胎 .png、酒瓶 .png、音频 01.mp3 ～音频 03.mp3"素材文件，单击【打开】按钮，如图 12-2 所示。

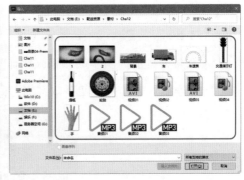

图 12-1　　　　　　　　　　　　　　　　图 12-2

（3）将选中的素材文件导入【项目】面板中，按 Ctrl+N 组合键，在弹出的对话框中选择 DV-24P 文件夹中的【标准 48kHz】，将【序列名称】设置为【闯红灯动画】，如图 12-3 所示。

（4）设置完成后，单击【确定】按钮，在【项目】面板的空白位置处中右击鼠标，在弹出的快捷菜单中选择【新建项目】|【颜色遮罩】命令，如图 12-4 所示。

（5）在弹出的【新建颜色遮罩】对话框中单击【确定】按钮，在弹出的【拾色器】对话框中将 RGB 值分别设置为 252、209、17，如图 12-5 所示。

（6）设置完成后，单击【确定】按钮，在弹出的对话框中将遮罩名称设置为【纯色背景】，如图 12-6 所示。

（7）设置完成后，单击【确定】按钮。选中新建的纯色背景，按住鼠标左键将其拖曳至 V1 轨道中，在该对象上右击鼠标，在弹出的快捷菜单中选择【速度 / 持续时间】命令，如图 12-7 所示。

（8）在弹出的【剪辑速度 / 持续时间】对话框中将【持续时间】设置为 00:00:10:15，设置完成后，单击【确定】按钮，如图 12-8 所示。

图 12-3

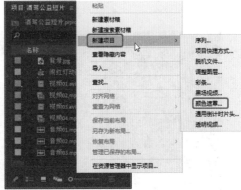

图 12-4

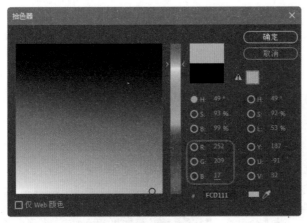

图 12-5

图 12-6

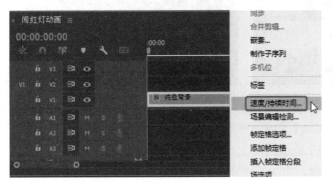

图 12-7

图 12-8

（9）在【项目】面板中选择"交通指示灯 .png"素材文件，按住鼠标将左键其拖曳至 V2 轨道中，并将其结尾处与 V1 轨道中【纯色背景】的结尾处对齐。选中该对象，在【效果控件】面板中将【位置】设置为 626.3、276.2，将【缩放】设置为 46，效果如图 12-9 所示。

（10）选择【椭圆工具】 ⬭，绘制一个椭圆，在【填充】选项组中将【填充类型】设置为【径向渐变】，将左侧色标的 RGB 值设置为 255、240、0，将右侧色标的 RGB 值分别设置为 255、0、0，将右侧色标调整至 70% 的位置，如图 12-10 所示。

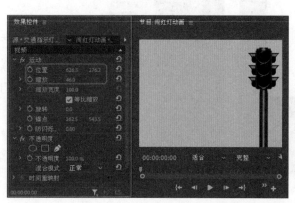

图 12-9

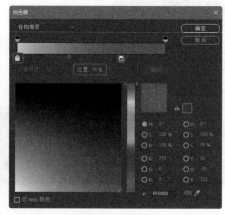

图 12-10

（11）按住鼠标左键将 V3 轨道中的椭圆结尾处与 V2 轨道中"交通指示灯 .png"素材文件的结尾处对齐，适当调整位置，如图 12-11 所示。

（12）继续选中该对象，为其添加【黑白】效果，如图 12-12 所示。

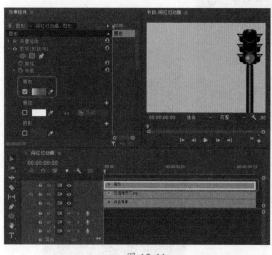

图 12-11

图 12-12

（13）添加完成后，在【时间轴】面板中的空白位置处右击鼠标，在弹出的快捷菜单中选择【添加轨道】命令，如图 12-13 所示。

（14）弹出【添加轨道】对话框，添加 5 视频轨道，添加 0 音频轨道，单击【确定】按钮，如图 12-14 所示。

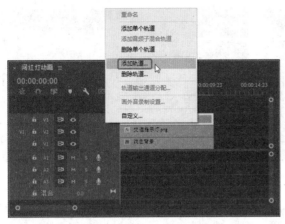

图 12-13　　　　　　　　　　　　图 12-14

（15）使用【椭圆工具】，绘制椭圆，在【填充】选项组中将左侧色标的 RGB 值分别设置为 255、246、0，将右侧色标的 RGB 值分别设置为 21、181、0，将右侧色标调整至 70% 的位置，如图 12-15 所示。

（16）设置完成后，单击【确定】按钮，适当调整位置。在【项目】面板中选择 V4 轨道中的绿灯图形，并将其结尾处与 V3 轨道图形的结尾处对齐，将当前时间设置为 00:00:00:00，选中该对象，在【效果控件】面板中单击【不透明度】左侧的【切换动画】按钮，添加一个关键帧，效果如图 12-16 所示。

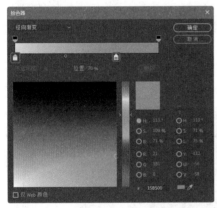

图 12-15　　　　　　　　　　　　图 12-16

（17）将当前时间设置为 00:00:00:20，在【效果控件】面板中将【不透明度】设置为 0，如图 12-17 所示。

（18）将当前时间设置为 00:00:01:16，在【效果控件】面板中将【不透明度】设置为 100%，如图 12-18 所示。

（19）将当前时间设置为 00:00:02:12，在【效果控件】面板中将【不透明度】设置为 0，如图 12-19 所示。

（20）选中 V3 轨道中的图形，按住 Alt 键将其拖曳至 V5 轨道中，选中 V5 轨道中的对象，调整图形的位置，如图 12-20 所示。

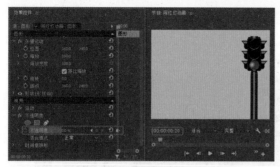
图 12-17

图 12-18

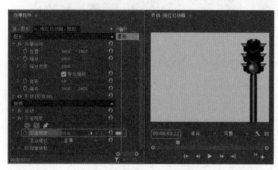
图 12-19

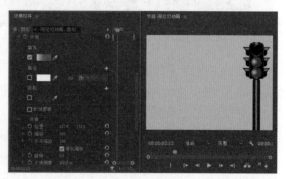
图 12-20

（21）选择【椭圆工具】⬤，绘制一个椭圆，在【填充】选项组中将左侧色标的 RGB
值分别设置为 255、252、0，将右侧色标的 RGB 值分别设置为 255、120、0，将右侧色标调
整至 70% 的位置，如图 12-21 所示。

（22）单击【确定】按钮，适当调整位置。在【项目】面板中选择 V6 轨道中的黄灯图形，
将其结尾处与 V5 轨道中对象的结尾处对齐，如图 12-22 所示。

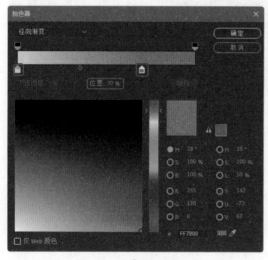
图 12-21

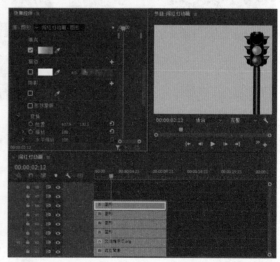
图 12-22

（23）选中该对象，将当前时间设置为 00:00:02:07，在【效果控件】面板中将【不透明度】设置为 0，单击【不透明度】左侧的【切换动画】按钮，如图 12-23 所示。

（24）将当前时间设置为 00:00:03:01，在【效果控件】面板中将【不透明度】设置为 100%，如图 12-24 所示。

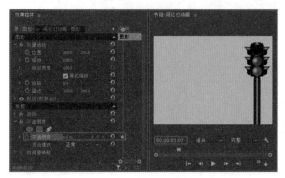

图 12-23

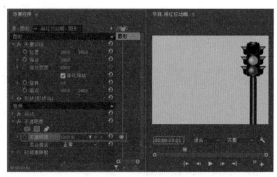

图 12-24

（25）将当前时间设置为 00:00:03:21，在【效果控件】面板中将【不透明度】设置为 0，如图 12-25 所示。

（26）将当前时间设置为 00:00:04:17，在【效果控件】面板中将【不透明度】设置为 100%，如图 12-26 所示。

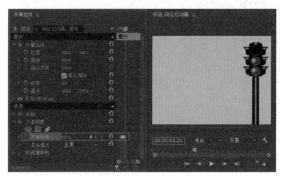

图 12-25

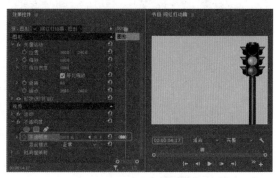

图 12-26

（27）使用同样的方法添加其他不透明度关键帧，效果如图 12-27 所示。

（28）在【项目】面板中选择 V3 轨道的图形，按住鼠标左键将其拖曳至 V7 轨道中，将其结尾处与 V6 轨道中图形的结尾处对齐，选中该对象，调整位置，如图 12-28 所示。

（29）将 V3 轨道的图形文件拖曳至 V8 轨道中，将其结尾处与 V7 轨道中的对象的结尾处对齐，选中该对象，将黑白特效删除，适当调整位置。将当前时间设置为 00:00:08:19，在【效果控件】面板中将【不透明度】设置为 0，单击【不透明度】左侧的【切换动画】按钮，如图 12-29 所示。

（30）将当前时间设置为 00:00:10:14，在【效果控件】面板中将【不透明度】设置为 100%，如图 12-30 所示。

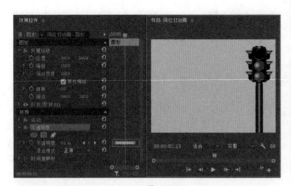

图 12-27

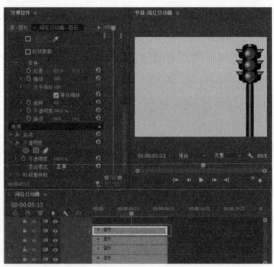

图 12-28

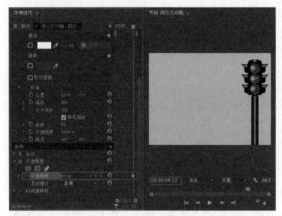

图 12-29

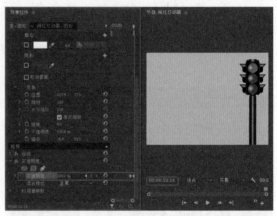

图 12-30

◆◆◆◆◆◆◆◆ 案例精讲 125 ｜ 制作汽车行驶动画

在本案例的制作过程中，我们为背景图片添加了位置关键帧，使其产生运动的效果，其次，我们为汽车与轮胎添加了位置关键帧。为了凸显真实效果，还为汽车轮胎添加了旋转关键帧，使其产生旋转行驶的动画效果，通过汽车与背景图像的完美结合，充分地展现了物体相对运动的动画效果。

（1）按 Ctrl+N 组合键，在弹出的对话框中切换到【序列预设】选项卡，选择 DV-24P |【标准 48kHz】选项，将【名称】设置为【汽车行驶】，单击【确定】按钮。在【项目】面板中选择"背景 .jpg"素材文件，按住鼠标左键将其拖曳至 V1 轨道中，并将【持续时间】设置为 00:00:01:17，确认当前时间设置为 00:00:00:00，在【效果控件】面板中将【位置】设置为 753、240，单击其左侧的【切换动画】按钮 🕗，将【缩放】设置为 33，如图 12-31 所示。

（2）将当前时间设置为00:00:01:16，在【效果控件】面板中将【位置】设置为-27、240，如图12-32所示。

图 12-31

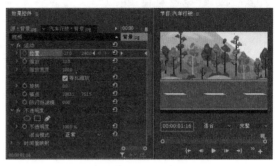

图 12-32

（3）将当前时间为00:00:00:00，在【项目】面板中选择"车.png"素材文件，按住鼠标左键将其拖曳至V2轨道中，将其开始处与时间线对齐，将【持续时间】设置为00:00:01:17，确认当前时间为00:00:00:00，选中该素材文件，在【效果控件】面板中将【位置】设置为-176、240，单击其左侧的【切换动画】按钮 ，将【缩放】设置为26，如图12-33所示。

（4）将当前时间设置为00:00:01:16，在【效果控件】面板中将【位置】设置为928、240，如图12-34所示。

图 12-33

图 12-34

（5）将当前时间为00:00:00:00，在【项目】面板中选择"轮胎.png"素材文件，按住鼠标左键将其拖曳至V3轨道中，将其开始处与时间线对齐，将【持续时间】设置为00:00:01:17，确认当前时间为00:00:00:00，选中该素材文件，在【效果控件】面板中将【位置】设置为-283、290.6，并单击【位置】左侧的【切换动画】按钮，将【缩放】设置为26，【旋转】设置为0，单击【旋转】左侧的【切换动画】按钮，如图12-35所示。

（6）将当前时间设置为00:00:01:16，在【效果控件】面板中将【位置】设置为820、290.6，【旋转】设置为1024，如图12-36所示。

💡 提示：

当将【旋转】设置为1024时，软件显示的为2×304°，此处的2×代表两个360°，一个360°则为1×。

图 12-35 图 12-36

（7）将当前时间为 00:00:00:00，在【项目】面板中选择"轮胎.png"素材文件，按住鼠标左键将其拖曳至 V3 轨道上方的空白处，系统自动新建 V4 轨道，将其开始处与时间线对齐，将【持续时间】设置为 00:00:01:17，如图 12-37 所示。

（8）确认当前时间为 00:00:00:00，选中该素材文件，在【效果控件】面板中将【位置】设置为 −67、290.6，并单击【位置】左侧的【切换动画】按钮，将【缩放】设置为 26，【旋转】设置为 0，单击【旋转】左侧的【切换动画】按钮，如图 12-38 所示。

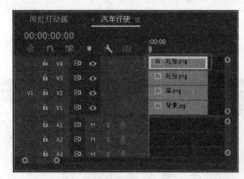

图 12-37 图 12-38

（9）将当前时间设置为 00:00:01:16，在【效果控件】面板中将【位置】设置为 1035.8、290.6，【旋转】设置为 1024，如图 12-39 所示。

（10）设置完成后，用户可以通过拖动时间滑块查看汽车行驶动画，效果如图 12-40 所示。

图 12-39 图 12-40

案例精讲 126　　制作禁止酒驾动画

　　在本案例的制作过程中，我们采用了一些开车及撞车等音效作为背景音乐，这样可以提高本动画效果的真实性，除此之外，在本案例中还利用酒瓶素材文件作为车速表的指针，来体现酒后驾车效果，从而起到警示的作用。

　　（1）按 Ctrl+N 组合键，弹出【新建序列】对话框，切换到【序列预设】选项卡，选择 DV-24P|【标准 48kHz】选项，将【名称】设置为"酒驾动画"，单击【确定】按钮。在【项目】面板中选择"音频 01.mp3"音频文件，按住鼠标左键将其拖曳至 A1 轨道中，将当前时间设置为 00:00:08:00，在【项目】面板中选择"音频 02.mp3"音频文件，按住鼠标左键将其拖曳至 A1 轨道中，将其开始处与时间线对齐，如图 12-41 所示。

　　（2）将当前时间设置为 00:00:01:07，在【项目】面板中选择"汽车行驶"序列文件，按住鼠标左键将其拖曳至 V2 轨道中，将其开始处与时间线对齐，如图 12-42 所示。

图 12-41

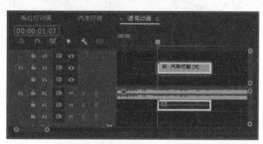
图 12-42

　　（3）将当前时间设置为 00:00:03:00，在【项目】面板中选择"车速表.png"素材文件，按住鼠标左键将其拖曳至 V1 轨道中，将其开始处与时间线对齐，将【持续时间】设置为 00:00:05:21，如图 12-43 所示。

　　（4）在视频轨道中选中新添加的素材文件，在【效果控件】面板中将【缩放】设置为 52，如图 12-44 所示。

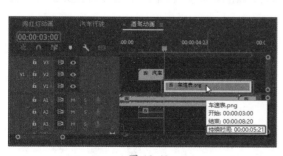
图 12-43

图 12-44

　　（5）确认当前时间为 00:00:03:00，在【项目】面板中选择"酒瓶.png"素材文件，按住鼠标左键将其拖曳至 V2 轨道中，将其开始处与时间线对齐，将【持续时间】设置为 00:00:05:21，如图 12-45 所示。

（6）选中轨道中新添加的素材文件，将当前时间设置为 00:00:03:00，在【效果控件】面板中将【位置】设置为 360、396，【缩放】设置为 52，【旋转】设置为 -79，并单击【旋转】左侧的【切换动画】按钮 ，将【锚点】设置为 51.5、596，如图 12-46 所示。

图 12-45

图 12-46

（7）将当前时间设置为 00:00:04:01，在【效果控件】面板中将【旋转】设置为 -59°，如图 12-47 所示。

（8）将当前时间设置为 00:00:04:12，在【效果控件】面板中将【旋转】设置为 -56°，如图 12-48 所示。

图 12-47

图 12-48

（9）将当前时间设置为 00:00:07:23，在【效果控件】面板中将【旋转】设置为 -20°，如图 12-49 所示。

（10）将当前时间设置为 00:00:08:01，在【效果控件】面板中将【旋转】设置为 -17°，如图 12-50 所示。

（11）将当前时间设置为 00:00:08:20，在【效果控件】面板中将【旋转】设置为 -95°，【不透明度】设置为 48%，单击【不透明度】左侧的【切换动画】按钮 ，如图 12-51 所示。

（12）将当前时间设置为 00:00:03:00，在【项目】面板中选择"酒瓶 .png"素材文件，按住鼠标左键将其拖曳至 V3 轨道中，并将其开始处与时间线对齐，将【持续时间】设置为 00:00:05:21，如图 12-52 所示。

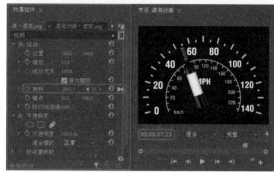

图 12-49

图 12-50

图 12-51

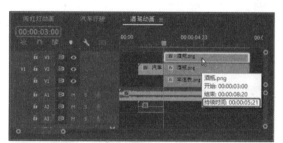

图 12-52

（13）在视频轨道中选中新添加的素材文件，在【效果控件】面板中将【位置】设置为360、396，【缩放】设置为52，【旋转】设置为 -76°，并单击【旋转】左侧的【切换动画】按钮 ，将【锚点】设置为51.5、596，如图12-53所示。

（14）将当前时间设置为00:00:04:01，在【效果控件】面板中将【旋转】设置为 -55°，如图12-54所示。

图 12-53

图 12-54

（15）将当前时间设置为00:00:04:12，在【效果控件】面板中将【旋转】设置为 -51°，如图12-55所示。

（16）将当前时间设置为00:00:07:23，在【效果控件】面板中将【旋转】设置为 -15°，如图12-56所示。

图 12-55　　　　　　　　　　　　　图 12-56

（17）将当前时间设置为 00:00:08:01，在【效果控件】面板中将【旋转】设置为 -11°，如图 12-57 所示。

（18）将当前时间设置为 00:00:08:20，在【效果控件】面板中将【旋转】设置为 -92°，如图 12-58 所示。

图 12-57　　　　　　　　　　　　　图 12-58

案例精讲 127　制作标语动画

下面将介绍制作标语动画，具体操作步骤如下。

（1）按 Ctrl+N 组合键，在弹出的【新建序列】对话框中选择 DV-24P|【标准 48kHz】选项，将【序列名称】设置为【标语动画】，单击【确定】按钮，如图 12-59 所示。

（2）使用【文字工具】输入文本"中国每年交通事故 50 万起"，选中输入的文字，将【字体】设置为【Adobe 黑体 Std】【字体大小】设置为 47，将【填充】选项组中的颜色设置为 229、229、229，如图 12-60 所示。

（3）选中"50 万"，将【字体大小】设置为 62，将【填充】选项组中的颜色设置为 255、0、0，将【位置】设置为 61.8、249.6，将【持续时间】设置为 00:00:02:15，如图 12-61 所示。

（4）将文本复制，修改文本为"因交通事故死亡人数均超过 10 万人"，并将白色文字的大小设置为 39，将【位置】设置为 11、249.6，如图 12-62 所示。

图 12-59

图 12-60

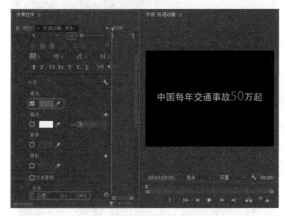

图 12-61

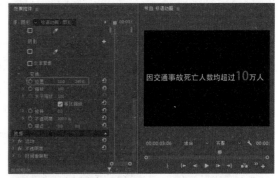

图 12-62

（5）将文本复制，修改文本为"每 1 分钟都会有一人因为交通事故而伤残"，然后对文字进行修改，将白色文字的大小设置为 33，将红色文字的大小设置为 50，将【位置】设置为 12.8、247.6，如图 12-63 所示。

（6）将文本复制，修改文本为"每 5 分钟就有人丧身车轮"，然后对文字进行修改，将白色文字的大小设置为 47，将红色文字的大小设置为 62，将【位置】设置为 68、243，如图 12-64 所示。

（7）选择"中国每年交通事故 50 万起"文本，将当前时间设置为 00:00:00:00，选中该对象，在【效果控件】面板中将【缩放】设置为 90，并单击【缩放】左侧的【切换动画】按钮，将【不透明度】设置为 11%，单击【不透明度】左侧的【切换动画】按钮，如图 12-65 所示。

（8）将当前时间设置为 00:00:00:10，在【效果控件】面板中将【缩放】设置为 100，如图 12-66 所示。

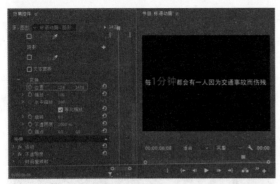
图 12-63

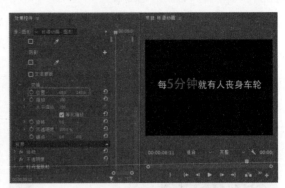
图 12-64

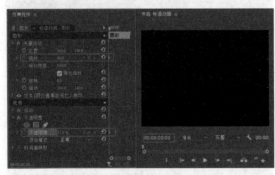
图 12-65

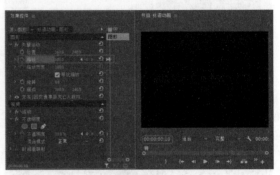
图 12-66

（9）将当前时间设为 00:00:01:12，在【效果控件】面板中单击【缩放】右侧的【添加 /
移除关键帧】按钮 ，将【不透明度】设置为 100%，如图 12-67 所示。

（10）将当前时间设置为 00:00:02:15，在【效果控件】面板中单击【缩放】右侧的【添
加 / 移除关键帧】按钮 ，将【不透明度】设置为 12.3%，如图 12-68 所示。

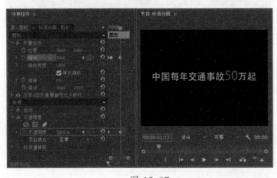
图 12-67

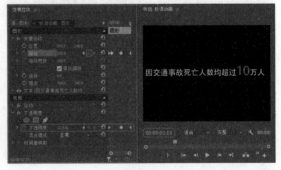
图 12-68

（11）选中 V1 轨道中的第一个对象，右击鼠标，在弹出的快捷菜单中选择【复制】命令，
如图 12-69 所示。

（12）在 V1 轨道中选择第二个对象，右击鼠标，在弹出的快捷菜单中选择【粘贴属性】
命令，在弹出的对话框中选中所有的复选框，如图 12-70 所示。

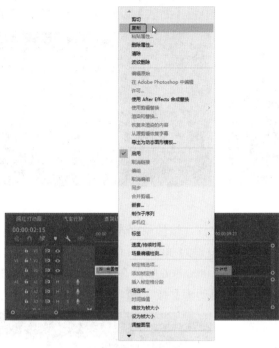

图 12-69　　　　　　　　　　　图 12-70

（13）单击【确定】按钮，然后分别在第二个和第三个对象上右击鼠标，将复制的属性进行粘贴，如图 12-71、图 12-72 所示。

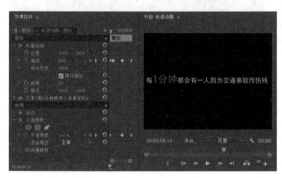

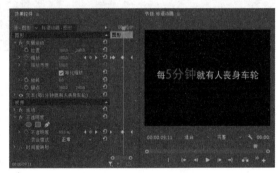

图 12-71　　　　　　　　　　　图 12-72

◆◆◆◆◆◆◆◆
案例精讲 128　**制作过渡动画**

下面将介绍制作片尾动画，具体操作步骤如下。

（1）按 Ctrl+N 组合键，在弹出的对话框中将【序列名称】设置为"过渡动画"，在【项目】面板中选择"视频 01.avi"素材文件，在弹出的对话框中单击【保持现有设置】按钮。在该对象上右击鼠标，在弹出的快捷菜单中选择【速度 / 持续时间】命令，在弹出的对话框中取消速度和持续时间的链接，将【持续时间】设置为 00:00:05:22，设置完成后，单击【确定】按钮，如图 12-73 所示。

（2）继续选中该对象，在【效果控件】面板中将【缩放】设置为 178，如图 12-74 所示。

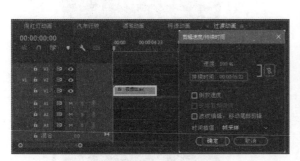

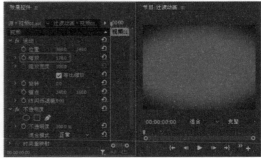

图 12-73   图 12-74

（3）在【项目】面板中选择"1.JPG"素材文件，按住鼠标左键将其拖曳至 V1 轨道中，并与第一个对象的结尾处对齐，将【持续时间】设置为 00:00:00:08，如图 12-75 所示。

（4）单击【确定】按钮，将当前时间设置为 00:00:06:03，在【效果控件】面板中将【缩放】设置为 178，单击【不透明度】左侧的【切换动画】按钮，如图 12-76 所示。

图 12-75   图 12-76

（5）将当前时间设置为 00:00:06:06，在【效果控件】面板中将【不透明度】设置为 0，如图 12-77 所示。

（6）在【项目】面板中选择"视频 02.mp4"素材文件，按住鼠标左键将其拖曳至 V1 轨道中，将其开始处与 V1 轨道中的对象的结尾处对齐。在该对象上右击鼠标，在弹出的快捷菜单中选择【速度 / 持续时间】命令，在弹出的对话框中将【速度】设置为 100%，将【持续时间】设置为 00:00:06:19，取消视频链接，删除多余的内容，如图 12-78 所示。

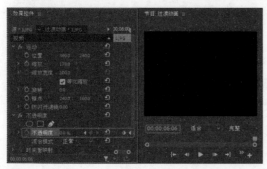

图 12-77   图 12-78

（7）设置完成后，在【效果控件】面板中将【位置】设置为 360、203，如图 12-79 所示。

（8）选择【矩形工具】 ■，绘制一个矩形，在【填充类型】设置为【径向渐变】，将左侧色标的 RGB 值分别设置为 255、255、255，将右侧色标的 RGB 值分别设置为 72、67、67，在【节目】面板中调整节点，如图 12-80 所示。

图 12-79 图 12-80

（9）确认当前时间为 00:00:06:09，将绘制的图形按住鼠标左键将其拖曳至 V2 轨道中，并与时间线对齐，将其结尾处与 V1 轨道中"视频 02.mp4"的结尾处对齐。在【效果控件】面板中将【缩放】设置为 102，将【不透明度】设置为 67%，单击左侧的【切换动画】按钮 ■，将【混合模式】设置为【叠加】，如图 12-81 所示。

（10）在【项目】面板中选择"视频 03.avi"素材文件，按住鼠标将其拖曳至 V1 轨道中，将其开始处与"视频 02.mp4"的结尾处对齐。选中该对象，在【效果控件】面板中将【缩放】设置为 178，如图 12-82 所示。

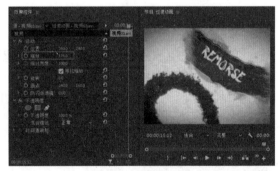

图 12-81 图 12-82

（11）在【项目】面板中选择 2.JPG 素材文件，按住鼠标左键将其拖曳至 V1 轨道中，将其开始处与"视频 03.uvi"素材文件的结尾处对齐，将【持续时间】设置为 00:00:00:11。选中该对象，将当前时间设置为 00:00:16:05，在【效果控件】面板中将【缩放】设置为 178，然后单击【不透明度】左侧的【切换动画】按钮 ■，如图 12-83 所示。

（12）将当前时间设置为 00:00:16:09，在【效果控件】面板中将【不透明度】设置为 0，如图 12-84 所示。

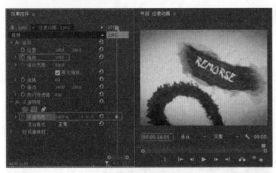

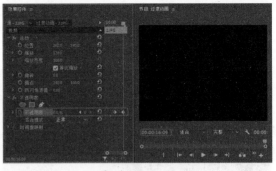

图 12-83   图 12-84

（13）根据前面所介绍的方法，将"视频 04.mp4"素材添加至 V1 轨道中，取消视频链接，删除多余的内容，然后在上方添加一个黑白渐变图形，并设置其相应的参数，如图 12-85 所示。

（14）在【项目】面板中选择【纯色背景】，按住鼠标左键将其拖曳至 V1 轨道中，并将其开始处与"视频 04.mp4"的结尾处对齐，将【持续时间】设置为 00:00:06:12，如图 12-86 所示。

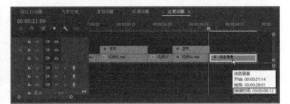

图 12-85   图 12-86

（15）选择【文字工具】，输入文字，将【字体】设置为【长城新艺体】，【字体大小】设置为 73，【行距】设置为 30，将"珍爱"和"遵守"的颜色设置为黑色，将"生命"和"交通"的颜色的 RGB 值设置为 213、0、0，如图 12-87 所示。

（16）将【位置】设置为 98.4、207.8，如图 12-88 所示。

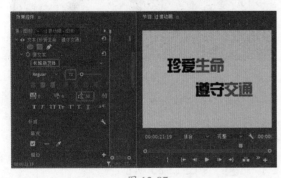

图 12-87   图 12-88

（17）选择文本对象，按住鼠标左键将其拖曳至 V2 轨道中，并将其开始处、结尾处与 V1 轨道中【纯色背景】的开始处、结尾处对齐。将当前时间设置为 00:00:22:02，在【效果控件】

面板中将【缩放】设置为407，单击【缩放】左侧的【切换动画】按钮 ，将【不透明度】设置为0，单击【不透明度】左侧的【切换动画】按钮 ，如图 12-89 所示。

（18）将当前时间设置为 00:00:23:13，在【效果控件】面板中将【缩放】设置为 100，【不透明度】设置为 100%，如图 12-90 所示。

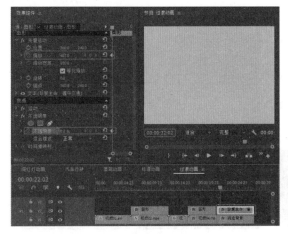

图 12-89   图 12-90

（19）将当前时间设置为 00:00:23:16，在【效果控件】面板中将【缩放】设置为 110，如图 12-91 所示。

（20）将当前时间设置为 00:00:23:19，在【效果控件】面板中将【缩放】设置为 100，如图 12-92 所示。

图 12-91   图 12-92

（21）使用同样的方法制作其他内容，为 V1 轨道中的视频文件设置倒放效果，并设置持续时间，如图 12-93 所示。

（22）将当前时间设置为 00:00:24:21，在【项目】面板中将【纯色背景】拖曳至 V3 轨道中，将其开始处与时间线对齐，将【持续时间】设置为 00:00:03:05，在【效果】面板中搜索【插入】过渡效果，按住鼠标左键将其拖曳至【纯色背景】的开始处，在【效果控件】面板中单击【自东北向西南】按钮 ，将【持续时间】设置为 00:00:01:01，如图 12-94 所示。

（23）将当前时间设置为 00:00:24:21，在【项目】面板中将"手 .png"素材文件拖曳至

V3 轨道上方，系统自动新建 V4 轨道，将其开始处与时间线对齐，将【持续时间】设置为 00:00:03:05，在【效果控件】面板中将【位置】设置为 890.4、136.2，单击左侧的【切换动画】按钮，将【缩放】设置为 73，如图 12-95 所示。

（24）将当前时间设置为 00:00:26:04，在【效果控件】面板中将【位置】设置为 -185.8、517.9，如图 12-96 所示。

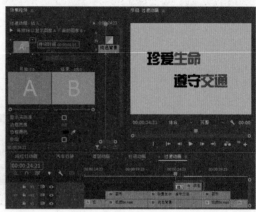

图 12-93

图 12-94

图 12-95

图 12-96

（25）确认当前时间为 00:00:26:04，选择【文字工具】 ，单击鼠标并输入文字"如果一切可以重来"，系统自动新建 V5 轨道，将其开始处与时间线对齐，将【持续时间】设置为 00:00:01:22。选中输入的文字，将【字体】设置为【方正大黑简体】，【字体大小】设置为 65，【行距】设置为 0，将【颜色】的 RGB 值设置为 230、0、0，适当调整文字的位置，如图 12-97 所示。

（26）在【效果】面板中搜索【交叉缩放】过渡效果，按住鼠标左键将其拖曳至"如果一切可以重来"字幕文件的开始处，将【持续时间】设置为 00:00:01:01，如图 12-98 所示。

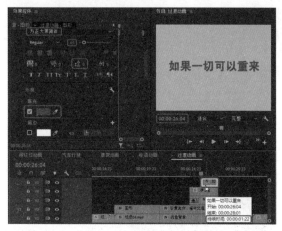
图 12-97

图 12-98

案例精讲 129 ｜ **制作片尾动画**

　　为了更好地表现禁止酒驾的公益主题，本案例主要对主题字幕进行设置，通过主题字幕提示人们禁止酒驾，珍爱生命，达到点明主旨的作用。

　　（1）按 Ctrl+N 组合键，弹出【新建序列】对话框，切换到【序列预设】选项卡，选择 DV-24P|【标准 48kHz】选项，将【名称】设置为"片尾动画"，单击【确定】按钮。在【项目】面板中的空白位置处右击鼠标，在弹出的快捷菜单中选择【新建项目】|【颜色遮罩】命令，在弹出的【新建颜色遮罩】对话框中使用其默认设置，单击【确定】按钮，在弹出的【拾色器】对话框中将 RGB 值设置为 248、248、248，单击【确定】按钮，在弹出的对话框中将文件名称设置为"纯色背景 2"，在【项目】面板中选中"纯色背景 2"素材文件，按住鼠标将其拖曳至 V1 轨道中，将【持续时间】设置为 00:00:09:15，如图 12-99 所示。

　　（2）将当前时间设置为 00:00:00:00，在【项目】面板中选择"车 .png"素材文件，按住鼠标左键将其拖曳至 V2 轨道中，将其开始处与时间线对齐，将【持续时间】设置为 00:00:04:10，如图 12-100 所示。

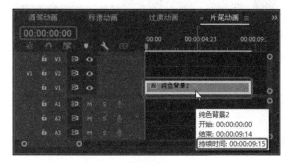
图 12-99

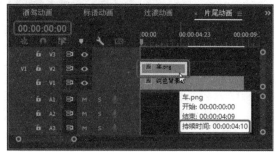
图 12-100

213

（3）在视频轨道中选中该素材文件，确认当前时间为 00:00:00:00，在【效果控件】面板中将【位置】设置为 -95、240，单击【位置】左侧的【切换动画】按钮 ，将【缩放】设置为 12，如图 12-101 所示。

（4）将当前时间设置为 00:00:02:00，在【效果控件】面板中将【位置】设置为 811、240，如图 12-102 所示。

图 12-101　　　　　　　　　　　　　　　　图 12-102

（5）将当前时间设置为 00:00:00:00，在【项目】面板中选择"轮胎 .png"素材文件，按住鼠标左键将其拖曳至 V3 轨道中，将其开始处与时间线对齐，结尾处与 V2 轨道中的素材文件的结尾处对齐，如图 12-103 所示。

（6）在 V3 视频轨道中选中该素材文件，确认当前时间为 00:00:00:00，在【效果控件】面板中将【位置】设置为 -145、264，单击【位置】左侧的【切换动画】按钮 ，将【缩放】设置为 12，【旋转】设置为 0，并单击【旋转】左侧的【切换动画】按钮 ，如图 12-104 所示。

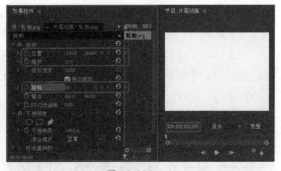

图 12-103　　　　　　　　　　　　　　　　图 12-104

（7）将当前时间设置为 00:00:02:00，在【效果控件】面板中将【位置】设置为 761、264，将【旋转】设置为 1440，如图 12-105 所示。

（8）将当前时间设置为 00:00:00:00，在【项目】面板中选择"轮胎 .png"素材文件，按住鼠标左键将其拖曳至 V3 轨道上方的空白处，系统自动新建 V4 轨道，将其开始处与时间线对齐，结尾处与 V3 轨道中的素材文件的结尾处对齐，如图 12-106 所示。

（9）在 V4 视频轨道中选中该素材文件，确认当前时间为 00:00:00:00，在【效果控件】

面板中将【位置】设置为 -42、264，单击【位置】左侧的【切换动画】按钮 ◎，将【缩放】设置为 12，【旋转】设置为 0，并单击【旋转】左侧的【切换动画】按钮 ◎，如图 12-107 所示。

（10）将当前时间设置为 00:00:02:00，在【效果控件】面板中将【位置】设置为 860、264，【旋转】设置为 4×0.0°，如图 12-108 所示。

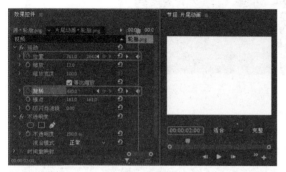

图 12-105

图 12-106

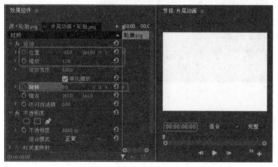

图 12-107

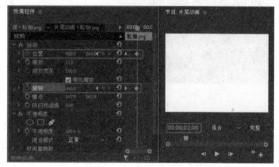

图 12-108

> **提示：**
> 由于汽车与轮胎都起始并结束于屏幕外，所以在设置关键帧时在屏幕中看不到，用户可以通过拖动时间线来查看汽车的运动效果。

（11）将当前时间设置为 00:00:04:10，在【项目】面板中选择"车 .png"素材文件，按住鼠标左键将其拖曳至 V2 轨道中，将其开始处与时间线对齐，将【持续时间】设置为 00:00:05:05，如图 12-109 所示。

（12）确认当前时间为 00:00:04:10，在 V2 视频轨道中选中新添加的素材文件，在【效果控件】面板中将【位置】设置为 779、316，单击【位置】左侧的【切换动画】按钮 ◎，将【缩放】设置为 8，如图 12-110 所示。

（13）将当前时间设置为 00:00:06:10，在【效果控件】面板中将【位置】设置为 -70、316，在【效果】面板中搜索【水平翻转】视频特效，按住鼠标左键将其拖曳至"车 .png"素材文件上，如图 12-111 所示。

（14）使用同样的方法为轮胎添加动画效果，如图 12-112 所示。

图 12-109

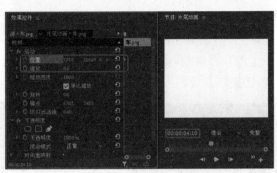
图 12-110

图 12-111

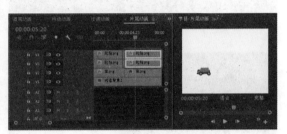
图 12-112

（15）将当前时间设置为 00:00:00:00，单击【文字工具】 T，单击鼠标，输入文字"禁止酒驾"，将【字体】设置为【汉仪漫步体简】，【字体大小】设置为 122，在【填充】选项组中将【颜色】的 RGB 值设置为 0、0、0，选中【描边】复选框，将【描边宽度】设置为 1，【描边类型】设置为【外侧】，将【颜色】的 RGB 值设置为 0、0、0，在【变换】选项组中将【位置】设置为 104.3、244.1，如图 12-113 所示。

（16）在视频轨道中选中"禁止酒驾"字幕文件，将【持续时间】设置为 00:00:09:15，在【效果控件】面板中将【位置】设置为 847.5、241.4，并单击其左侧的【切换动画】按钮 ，如图 12-114 所示。

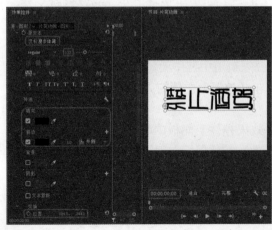
图 12-113

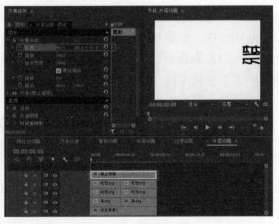
图 12-114

（17）将当前时间设置为00:00:02:00，在【效果控件】面板中将【位置】设置为350.5、241.4，单击【缩放】左侧的【切换动画】按钮，将【缩放】设置为343，如图12-115所示。

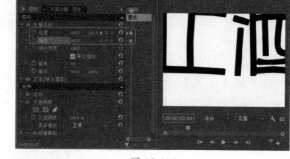

图 12-115

（18）将当前时间设置为00:00:04:00，在【效果控件】面板中将【缩放】设置为100，如图12-116所示。

图 12-116

（19）将当前时间设置为00:00:04:09，在【效果控件】面板中将【缩放】设置为105，如图12-117所示。

图 12-117

（20）将当前时间设置为00:00:04:10，选择【文字工具】，单击鼠标，输入文字"道路千万条，安全第一条"，将【字体】设置为【方正华隶简体】，【字体大小】设置为41，在【填充】选项组中将【颜色】的RGB值设置为0、0、0，取消选中【描边】复选框，将【位置】设置为107.9、317.9，如图12-118所示。

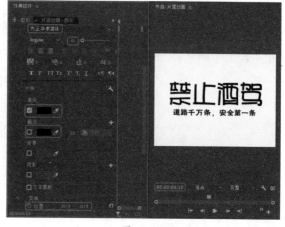

图 12-118

（21）确认当前时间为00:00:04:10，选择"道路千万条，安全第一条"，将【持续时间】设置为00:00:05:05，在【效果控件】面板中将【位置】设置为1045、240，单击其左侧的【切换动画】按钮，如图12-119所示。

图 12-119

（22）将当前时间设置为00:00:06:12，在【效果控件】面板中将【位置】设置为340、240，如图12-120所示。

图 12-120

（23）将当前时间设置为00:00:06:17，在【效果控件】面板中将【位置】设置为368、240，如图12-121所示。

图 12-121

案例精讲 130 嵌套序列

下面将介绍如何将前面所介绍的序列动画进行嵌套，具体操作步骤如下。

（1）按 Ctrl+N 快捷组合键，在弹出的对话框中将【序列名称】设置为"酒驾公益短片"，单击【确定】按钮。在【项目】面板中选择"闯红灯动画"素材文件，按住鼠标左键将其拖曳至 V1 轨道中，如图 12-122 所示。

图 12-122

（2）分别将"酒驾动画、标语动画、过渡动画、片尾动画"素材文件添加至 V1 轨道中，如图 12-123 所示。

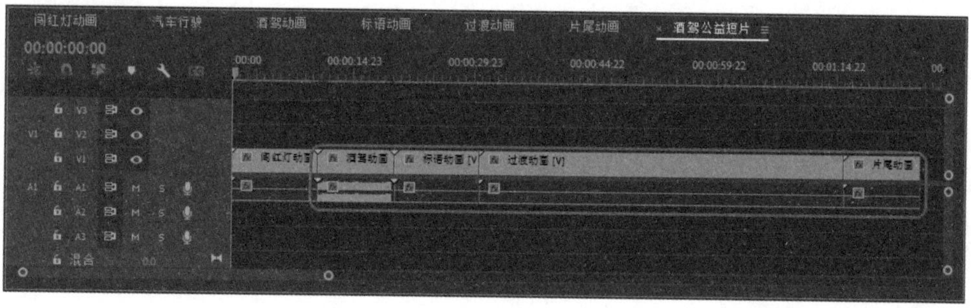

图 12-123

案例精讲 131 添加背景音乐

下面将介绍如何为酒驾公益短片添加背景音乐，具体操作步骤如下。

（1）将当前时间设置为 00:00:20:02，将"音频 03.mp3"素材文件拖曳至 A2 轨道中，将其开始处与时间线对齐，在 A2 音频轨道上双击鼠标，将音频轨放大，如图 12-124 所示。

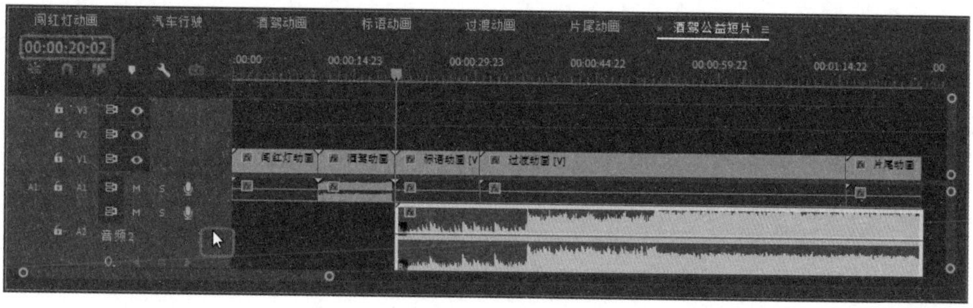

图 12-124

（2）在工具栏中选择【钢笔工具】 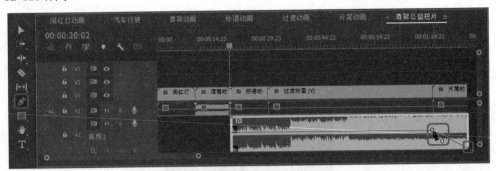，在 A2 音频文件上添加关键点并进行调整，效果如图 12-125 所示。

图 12-125

第13章 婚礼片头

本章导读：

　　一场有意义的婚礼能让人永生难忘。很多婚礼上都会有创意婚礼开场视频，通过本案例的学习，可以使读者掌握制作婚礼片头的方法。

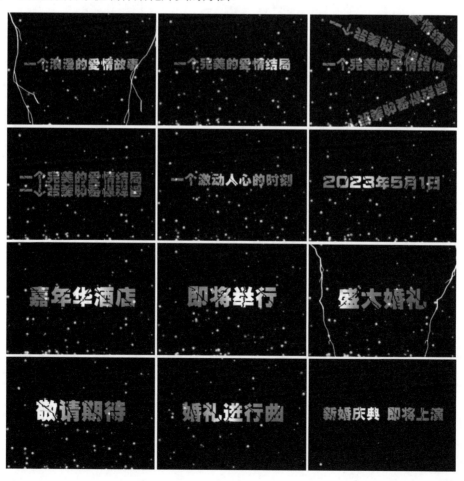

案例精讲 132   新建项目序列【视频案例】

在制作婚礼片头之前先新建项目文件和序列。

案例精讲 133   导入素材【视频案例】

新建项目文件和序列后，下面制作婚礼片头所需要的素材。

案例精讲 134   创建序列文件【视频案例】

字幕创建完成后，下面制作文件的序列部分，依次添加素材和字幕文件，为文字添加【光照效果】【块溶解】及【快速模糊】特效，并在素材文件之间添加过渡效果。

案例精讲 135   添加音频【视频案例】

本案例将介绍背景音乐的添加及特效的设置，同时在操作界面中对导入的素材进行简单的设置。

第 14 章　感恩父母短片

本章导读：

　　俗话说"滴水之恩，当涌泉相报"，更何况父母为你付出的不仅仅是"一滴水"，而是一片汪洋大海。你是否在父母劳累之后递上一杯暖茶，在他们生日时递上一张卡片，在他们失落时带去一番问候与安慰，他们往往为我们倾注了心血和精力，而我们又何曾记得他们的生日，体会他们的劳累，又是否察觉到那缕缕银丝，那一丝丝皱纹。感恩需要你用心去体会，去报答。本案例将制作一个短片，来感谢父母对我们无私奉献的爱。

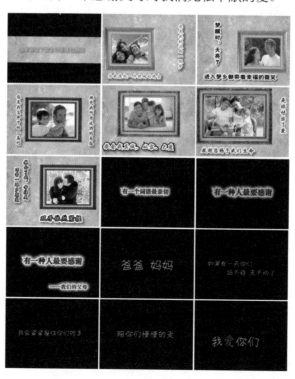

◆◆◆◆◆◆◆◆◆◆
案例精讲 136　　**新建项目并导入素材【视频案例】**

在制作动画短片之前首先要将所需要的素材文件导入到 Premiere 中。

◆◆◆◆◆◆◆◆◆◆
案例精讲 137　　**新建颜色遮罩和文本【视频案例】**

导入素材后，接下来将介绍如何新建颜色遮罩和文本，文本能够对动画影片起到说明作用，有助于观众理解动画内容。

◆◆◆◆◆◆◆◆◆◆
案例精讲 138　　**创建并设置序列【视频案例】**

字幕创建完成后，下面来介绍如何创建和设置序列，添加素材文件并设置关键帧完成动画效果。

◆◆◆◆◆◆◆◆◆◆
案例精讲 139　　**添加背景音乐【视频案例】**

视频的背景音乐起到了烘托场景的作用，通过设置音频特效，可以更好地渲染场景气氛。

◆◆◆◆◆◆◆◆◆◆
案例精讲 140　　**输出影片【视频案例】**

为了方便将制作完成的作品在多个平台上播放，需要将在 Premiere 中制作完成的序列渲染输出成视频文件。

第15章 城市宣传片

本章导读：

　　城市宣传片是对一个旅游景地精要的展示和表现，通过视觉的传播，提高旅游景地的知名度和曝光率，以便更好地吸引投资和增加旅游，彰显了旅游景地的品质及个性，挖掘出景地特色的地域文化特征，增强了景地吸引力。

案例精讲 141　**制作开始动画效果**

下面将介绍如何制作旅游宣传片的开始动画，具体操作如下。

（1）启动软件后，新建项目文件，指定项目名称及位置，单击【创建】按钮，如图 15-1 所示。

（2）在【项目】面板中的空白位置处右击鼠标，在弹出的快捷菜单中选择【新建项目】|【序列】命令，如图 15-2 所示。

图 15-1

图 15-2

（3）弹出【新建序列】对话框，切换到【序列预设】选项卡，在【可用预设】选项组中选择 DV-PAL|【标准 48kHz】选项，将【序列名称】设置为【开始动画】，如图 15-3 所示。

（4）设置完成后，单击【确定】按钮。在【项目】面板中的空白位置处右击鼠标，在弹出的快捷菜单中选择【新建项目】|【颜色遮罩】命令，如图 15-4 所示。

图 15-3

图 15-4

（5）在弹出的对话框中使用其默认参数，单击【确定】按钮，在弹出的【拾色器】对话框中将 RGB 值设置为 255、255、255，如图 15-5 所示。

（6）单击【确定】按钮，将当前时间设置为 00:00:00:00，在【项目】面板中选择【颜色遮罩】，按住鼠标左键将其拖曳至 V1 视频轨道中，将其开始处与时间线对齐。选中该素材文件，右击鼠标，在弹出的快捷菜单中选择【速度 / 持续时间】命令，如图 15-6 所示。

图 15-5

图 15-6

（7）在弹出的对话框中将【持续时间】设置为 00:00:11:15，单击【确定】按钮。在【效果】面板中选择【视频效果】|【图像控制】|Color Replace 视频效果，如图 15-7 所示。

（8）双击该视频效果，将当前时间设置为 00:00:00:00，在【效果控件】面板中将【不透明度】设置为 0，单击左侧的【切换动画】按钮，将 Color Replace 下的 Similarity 设置为 100，将 Target Color 的 RGB 值设置为 255、255、255，将 Replace Color 的 RGB 值设置为 0、175、219，如图 15-8 所示。

图 15-7

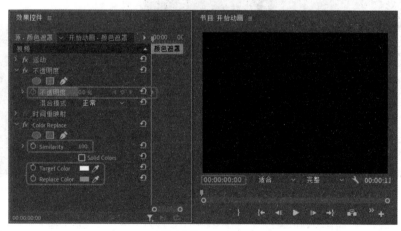

图 15-8

（9）将当前时间设置为 00:00:00:15，在【效果控件】面板中将【不透明度】设置为 100%，如图 15-9 所示。

（10）选择【椭圆工具】 ，按住 Shift 键绘制一个正圆，在【填充】选项组中将颜色的【填充类型】设置为【径向渐变】，将左侧色标的 RGB 值设置为 255、255、255，并调整其位置，将右侧色标的 RGB 值设置为 255、255、255，将【不透明度】设置为 0，如图 15-10 所示。

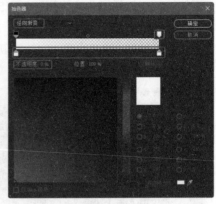

图 15-9 图 15-10

（11）选择椭圆，参照图 15-12 所示在【节目】面板中调整椭圆光晕的节点，使椭圆的光晕从中间散发，将当前时间设置为 00:00:00:00，选择绘制的图形，按住鼠标左键将其拖曳至 V2 视频轨道中，将其开始处与时间线对齐，将【持续时间】设置为 00:00:11:15，确认当前时间为 00:00:00:00，在【效果控件】面板中将【缩放】设置为 180，【不透明度】设置为 0，单击【不透明度】左侧的【切换动画】按钮，如图 15-11 所示。

（12）将当前时间设置为 00:00:00:15，在【效果控件】面板中将【不透明度】设置为 95%，效果如图 15-12 所示。

图 15-11 图 15-12

（13）在【项目】面板中双击鼠标，在弹出的对话框中选择"素材 \Cha15"文件夹，单击【导入文件夹】按钮，如图 15-13 所示。

（14）将选中的素材文件夹导入至【项目】面板中，在菜单栏中选择【序列】|【添加轨道】命令，如图 15-14 所示。

图 15-13

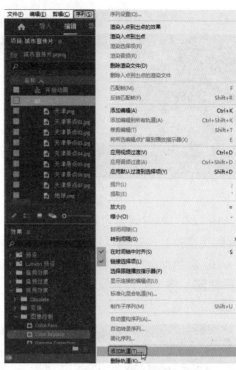

图 15-14

（15）在弹出的【添加轨道】对话框中将视频轨道设置为 5，音频轨道设置为 0，如图 15-15 所示。

（16）设置完成后，单击【确定】按钮。将当前时间设置为 00:00:00:15，在 Cha15 文件夹中选择"地球 .png"素材文件，按住鼠标左键将其拖曳至 V4 视频轨道中，将其开始处与时间线对齐，将【持续时间】设置为 00:00:11:00，如图 15-16 所示。

图 15-15

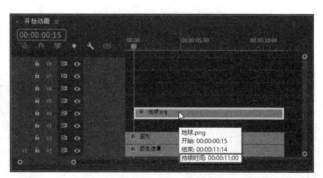

图 15-16

（17）选中该素材文件，确认当前时间为 00:00:00:15，在【效果控件】面板中将【缩放】设置为 0，并单击其左侧的【切换动画】按钮，如图 15-17 所示。

（18）将当前时间设置为 00:00:01:15，在【效果控件】面板中将【缩放】设置为 35，单击【旋转】左侧的【切换动画】按钮 ，如图 15-18 所示。

图 15-17   图 15-18

（19）将当前时间设置为 00:00:05:15，在【效果控件】面板中单击【缩放】右侧的【添加 / 移除关键帧】按钮 ，将【旋转】设置为 120°，如图 15-19 所示。

（20）将当前时间设置为 00:00:06:15，在【效果控件】面板中单击【位置】左侧的【切换动画】按钮 ，将【缩放】设置为 22，单击【旋转】右侧的【添加 / 移除关键帧】按钮 ，如图 15-20 所示。

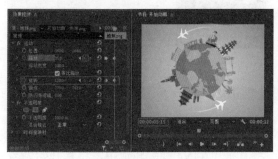

图 15-19   图 15-20

（21）将当前时间设置为 00:00:07:15，在【效果控件】面板中将【位置】设置为 552、288，【旋转】设置为 186°，如图 15-21 所示。

（22）将当前时间设置为 00:00:00:15，在【项目】面板中选择 "路线 .png" 素材文件，按住鼠标左键将其拖曳至 V5 视频轨道中，将其开始处与时间线对齐，将【持续时间】设置为 00:00:11:00，如图 15-22 所示。

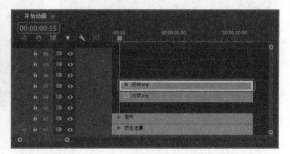

图 15-21   图 15-22

（23）选中该素材文件，确认当前时间为 00:00:00:15，在【效果控件】面板中将【缩放】

设置为0，单击其左侧的【切换动画】按钮■，添加一个关键帧，如图15-23所示。

（24）将当前时间设置为00:00:01:15，在【效果控件】面板中将【缩放】设置为35，如图15-24所示。

图15-23　　　　　　　　　　　　图15-24

（25）将当前时间设置为00:00:05:15，在【效果控件】面板中单击【缩放】右侧的【添加/移除关键帧】按钮■，如图15-25所示。

（26）将当前时间设置为00:00:06:15，在【效果控件】面板中单击【位置】左侧的【切换动画】按钮■，将【缩放】设置为22，如图15-26所示。

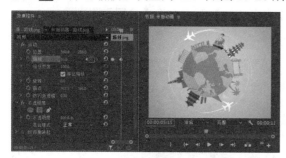

图15-25　　　　　　　　　　　　图15-26

（27）将当前时间设置为00:00:07:15，在【效果控件】面板中将【位置】设置为552、288，如图15-27所示。

（28）将当前时间设置为00:00:00:15，在【项目】面板中选择"飞机.png"素材文件，按住鼠标左键将其拖曳至V6视频轨道中，将其开始处与时间线对齐，将【持续时间】设置为00:00:11:00。选中该素材文件，确认当前时间为00:00:00:15，在【效果控件】面板中将【位置】设置为349.5、295.9，将【缩放】设置为0，单击其左侧的【切换动画】按钮■，如图15-28所示。

图15-27　　　　　　　　　　　　图15-28

（29）将当前时间设置为 00:00:01:15，在【效果控件】面板中将【缩放】设置为 35，单击【旋转】左侧的【切换动画】按钮⊙，如图 15-29 所示。

（30）将当前时间设置为 00:00:05:15，在【效果控件】面板中单击【缩放】右侧的【添加 / 移除关键帧】按钮⊙，将【旋转】设置为 -180°，如图 15-30 所示。

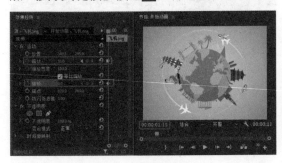

图 15-29　　　　　　　　　　　　图 15-30

（31）将当前时间设置为 00:00:06:15，在【效果控件】面板中单击【位置】左侧的【切换动画】按钮⊙，将【缩放】设置为 22，单击【旋转】右侧的【添加 / 移除关键帧】按钮⊙，如图 15-31 所示。

（32）将当前时间设置为 00:00:07:15，在【效果控件】面板中将【位置】设置为 553.5、295.9，将【旋转】设置为 -281°，如图 15-32 所示。

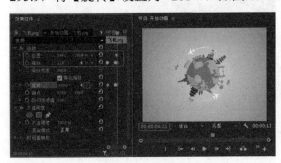

图 15-31　　　　　　　　　　　　图 15-32

（33）选择【矩形工具】▦，绘制一个矩形。选中绘制的矩形，在【填充】选项组中将【颜色】的 RGB 值设置为 157、231、255，选中【描边】复选框，将【颜色】的 RGB 值设置为 255、255、255，将【大小】设置为 2，【不透明度】设置为 50%，如图 15-33 所示。

（34）将当前时间设置为 00:00:07:15，选择矩形图形，按住鼠标左键将其拖曳至 V3 视频轨道中，将【持续时间】设置为 00:00:04:00，如图 15-34 所示。

图 15-33　　　　　　　　　　　　图 15-34

（35）在【效果】面板中选择【视频过渡】|【擦除】|【划出】视频过渡效果，如图 15-35 所示。

图 15-35

（36）按住鼠标左键将其拖曳至 V3 轨道中矩形图形的开始处，并选中该过渡效果，在【效果控件】面板中单击【自东向西】，将【持续时间】设置为 00:00:00:20，如图 15-36 所示。

（37）选择【文字工具】 T ，单击鼠标，输入文字"CITY"。选中输入的文字，将【字体】设置为 Comic Sans MS，【字体大小】设置为 37，在【填充】选项组中将【颜色】的 RGB 值设置为 220、35、15，选中【描边】复选框，将【描边宽度】设置为 2.5，将【颜色】的 RGB 值设置为 255、255、255，如图 15-37 所示。

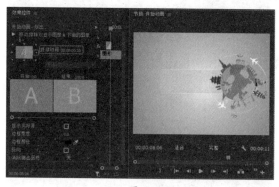

图 15-36

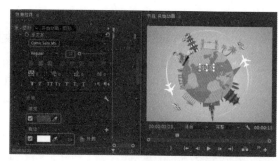

图 15-37

（38）在【变换】选项组中将【位置】设置为 303.2、270.9，如图 15-38 所示。

（39）继续选中 V7 轨道中的文本，使用【文字工具】 T 输入文字"PROMOTIONAL"，选中输入的文字，将【字体大小】设置为 25，在【填充】选项组中将【颜色】的 RGB 值设置为 76、32、10，在【变换】选项组中将【位置】设置为 267.4、302.6，如图 15-39 所示。

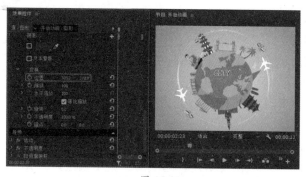

图 15-38

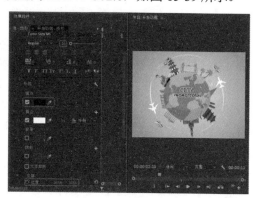

图 15-39

（40）继续选中 V7 轨道中的文本，使用【文字工具】 T 输入文字"FILM"。中输入的文字，将【字体大小】设置为 35，在【填充】选项组中将【颜色】的 RGB 值设置为 63、172、236，在【变换】选项组中将【位置】设置为 306.4、342.3，如图 15-40 所示。

（41）将当前时间设置为 00:00:00:15，选择输入的文本对象，按住鼠标左键将其拖曳至

V7视频轨道中,将其开始处与时间线对齐,将【持续时间】设置为00:00:11:00,如图15-41所示。

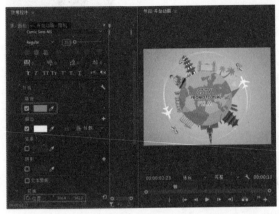

图 15-40　　　　　　　　　　　　　　　　　　图 15-41

(42)确认当前时间为00:00:00:15,在【效果控件】面板中单击【缩放】左侧的【切换动画】按钮 ,将【缩放】设置为0,如图15-42所示。

(43)将当前时间设置为00:00:01:15,在【效果控件】面板中将【缩放】设置为100,如图15-43所示。

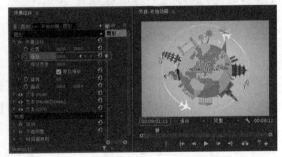

图 15-42　　　　　　　　　　　　　　　　　　图 15-43

(44)将当前时间设置为00:00:05:15,在【效果控件】面板中单击【缩放】右侧的【添加／移除关键帧】按钮 ,如图15-44所示。

(45)将当前时间设置为00:00:06:15,在【效果控件】面板中单击【位置】左侧的【切换动画】按钮 ,将【缩放】设置为50,如图15-45所示。

(46)将当前时间设置为00:00:07:15,在【效果控件】面板中【位置】设置为563、288,如图15-46所示。

(47)使用【文字工具】 输入新的文本"城市宣传片"。选中输入的文字,将【字体】设置为【长城新艺体】,【字体大小】设置为65,在【填充】选项组中将【颜色】的RGB值设置为110、181、253,选中【描边】复选框,将【描边宽度】设置为3.9,将【颜色】的RGB值设置为255、255、255,如图15-47所示。

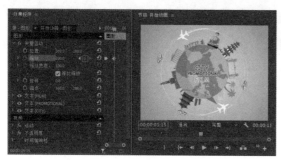

图 15-44

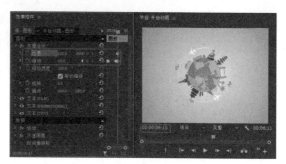

图 15-45

图 15-46

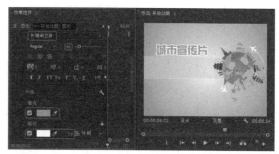

图 15-47

（48）继续选中该文字，在【变换】选项组中将【位置】设置为 37.4、294.6，如图 15-48 所示。

（49）将当前时间设置为 00:00:08:13，选择"城市宣传片"素材文件，按住鼠标左键将其拖曳至 V8 视频轨道中，将其开始处与时间线对齐，将【持续时间】设置为 00:00:03:02，如图 15-49 所示。

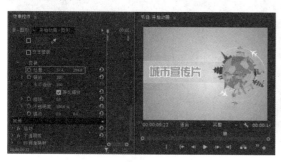

图 15-48

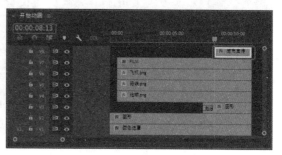

图 15-49

（50）确认当前时间为 00:00:08:13，在【效果控件】面板中将【不透明度】设置为 0，单击左侧的【切换动画】按钮，如图 15-50 所示。

（51）将当前时间设置为 00:00:09:10，在【效果控件】面板中将【不透明度】设置为 100%，如图 15-51 所示。

图 15-50 图 15-51

案例精讲 142   制作安徽景点欣赏动画

本案例将介绍如何制作安徽景点欣赏动画。

（1）新建一个【序列名称】为【安徽景点欣赏】的 DV-PAL |【标准 48kHz】序列，在菜单栏中选择【序列】|【添加轨道】命令，弹出【添加轨道】对话框，在该对话框中添加 11 条视频轨道，0 条音频轨道，如图 15-52 所示。

（2）单击【确定】按钮，确认当前时间为 00:00:00:00，在【项目】面板中将"安徽景点 01.jpg"素材文件拖曳至 V1 视频轨道中，将其开始处与时间线对齐，将【持续时间】设置为 00:00:17:00，如图 15-53 所示。

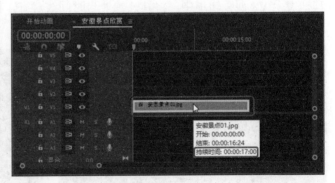

图 15-52 图 15-53

（3）选中 V1 视频轨道中的素材文件，在【效果控件】面板中单击【缩放】左侧的【切换动画】按钮，添加一个关键帧，如图 15-54 所示。

（4）将当前时间设置为 00:00:01:00，在【效果控件】面板中将【缩放】设置为 40，如图 15-55 所示。

（5）将当前时间设置为 00:00:02:00，在【项目】面板中将"安徽景点 02.jpg"素材文件拖曳至 V2 视频轨道中，将其开始处与时间线对齐，结束处与 V1 视频轨道中"安徽景点 01.jpg"素材文件的结束处对齐，如图 15-56 所示。

（6）确认当前时间为 00:00:02:00，选中 V2 视频轨道中的素材文件，在【效果控件】面板中将【位置】设置为 198、169，【缩放】设置为 0，并单击【缩放】和【旋转】左侧的【切换动画】按钮 🕒，如图 15-57 所示。

图 15-54

图 15-55

图 15-56

图 15-57

（7）将当前时间设置为 00:00:03:00，在【效果控件】面板中将【缩放】设置为 15，【旋转】设置为 360，如图 15-58 所示。

（8）选择【矩形工具】 ▣，绘制矩形并选择矩形，取消选中【填充】复选框，选中【描边】复选框，将【描边宽度】设置为 4，【颜色】设置为 #FC7215，如图 15-59 所示。

图 15-58

图 15-59

（9）确认当前时间为 00:00:03:00，将矩形图形拖曳至 V3 视频轨道中，将其开始处与时间线对齐，结束处与 V2 视频轨道中"安徽景点 02.jpg"素材文件的结束处对齐，如图 15-60 所示。

（10）确认当前时间为 00:00:03:00，选中 V3 视频轨道中的素材文件，在【效果控件】

面板中将【位置】设置为360、3，并单击左侧的【切换动画】按钮⏱，如图15-61所示。

图15-60

图15-61

（11）将当前时间设置为00:00:04:00，将【位置】设置为360、288，如图15-62所示。

（12）确认当前时间为00:00:04:00，在【项目】面板中将"安徽景点03.jpg"素材文件拖曳至V4视频轨道中，将其开始处与时间线对齐，结束处与V3视频轨道中矩形图形的结束处对齐，然后在【效果控件】面板中将【位置】设置为873、407，并单击左侧的【切换动画】按钮⏱，将【缩放】设置为15，如图15-63所示。

图15-62

图15-63

（13）将当前时间设置为00:00:05:00，在【效果控件】面板中将【位置】设置为198、407，如图15-64所示。

（14）选择【矩形工具】▭，绘制矩形并选择矩形，取消选中【填充】复选框，选中【描边】复选框，将【描边宽度】设置为4，【颜色】设置为＃FFF600，如图15-65所示。

图15-64

图15-65

（15）确认当前时间为 00:00:05:00，将矩形拖曳至 V5 视频轨道中，将其开始处与时间线对齐，结束处与 V4 视频轨道中"安徽景点 03.jpg"素材文件的结束处对齐，在【效果控件】面板中将【位置】设置为 5、525，并单击左侧的【切换动画】按钮，如图 15-66 所示。

（16）将当前时间设置为 00:00:06:00，将【位置】设置为 360、288，如图 15-67 所示。

图 15-66　　　　　　　　　　　　　　　　图 15-67

（17）选择【矩形工具】，绘制矩形并选择矩形，取消选中【填充】复选框，选中【描边】复选框，将【描边宽度】设置为 4，【颜色】设置为 #01B4FF，如图 15-68 所示。

（18）确认当前时间为 00:00:06:00，将矩形图形拖曳至 V7 视频轨道中，将其开始处与时间线对齐，结束处与 V5 视频轨道中矩形图形的结束处对齐，如图 15-69 所示。

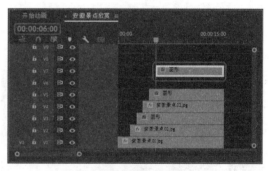

图 15-68　　　　　　　　　　　　　　　　图 15-69

（19）选中 V7 视频轨道中的矩形图形，在【效果控件】面板中将【位置】设置为 360、3，并单击左侧的【切换动画】按钮，如图 15-70 所示。

（20）将当前时间设置为 00:00:07:00，将【位置】设置为 360、288，如图 15-71 所示。

图 15-70　　　　　　　　　　　　　　　　图 15-71

（21）将当前时间设置为 00:00:08:00，在【项目】面板中将"安徽景点 04.jpg"素材文件拖曳至 V6 视频轨道中，将其开始处与时间线对齐，结束处与 V5 视频轨道中矩形图形的结束处对齐。选中该素材文件，在【效果控件】面板中将【位置】设置为 521、–108，并单击其左侧的【切换动画】按钮 ◎，将【缩放】设置为 15，如图 15-72 所示。

（22）将当前时间设置为 00:00:09:00，将【位置】设置为 521、169，如图 15-73 所示。

图 15-72　　　　　　　　　　　　　　图 15-73

（23）选择【矩形工具】 ▣，绘制矩形并选择矩形，取消选中【填充】复选框，选中【描边】复选框，将【描边宽度】设置为 4，【颜色】设置为 # DAFF6A，如图 15-74 所示。

（24）将当前时间设置为 00:00:06:12，将矩形图形拖曳至 V9 视频轨道中，将其开始处与时间线对齐，结束处与 V7 视频轨道中矩形图形的结束处对齐，然后在【效果控件】面板中将【位置】设置为 360、–268，并单击左侧的【切换动画】按钮 ◎，如图 15-75所示。

图 15-74　　　　　　　　　　　　　　图 15-75

（25）将当前时间设置为 00:00:08:00，在【效果控件】面板中将【位置】设置为 360、288，如图 15-76 所示。

（26）将当前时间设置为 00:00:08:12，在【项目】面板中将"安徽景点 05.jpg"素材文件拖曳至 V8 视频轨道中，将其开始处与时间线对齐，结束处与 V7 视频轨道中矩形图形的结束处对齐。选中该素材文件，然后在【效果控件】面板中将【位置】设置为 521、–115，单击其左侧的【切换动画】按钮 ◎，将【缩放】设置为 15，如图 15-77 所示。

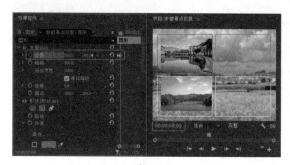

图 15-76 图 15-77

（27）将当前时间设置为 00:00:10:00，在【效果控件】面板中将【位置】设置为 521、407，如图 15-78 所示。

（28）将当前时间设置为 00:00:10:12，在【项目】面板中将"安徽景点 06.jpg"素材文件拖曳至 V10 视频轨道中，将其开始处与时间线对齐，结束处与 V9 视频轨道中矩形图形的结束处对齐，如图 15-79 所示。

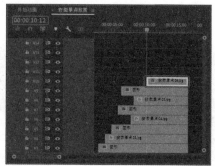

图 15-78 图 15-79

（29）确认当前时间设置为 00:00:10:12，选中 V10 视频轨道中的素材文件，在【效果控件】面板中将【缩放】设置为 0，并单击左侧的【切换动画】按钮 ，将【不透明度】设置为 0，并单击左侧的【切换动画】按钮 ，如图 15-80 所示。

（30）将当前时间设置为 00:00:11:12，在【效果控件】面板中将【缩放】设置为 40，将【不透明度】设置为 100%，如图 15-81 所示。

图 15-80 图 15-81

241

案例精讲 143　　**为安徽景点添加字幕**

　　如果只有景点欣赏动画，而没有文字内容的话，会显得有些单调。而且，对景区不熟悉的人，没有文件介绍根本不会知道是什么景点，因此添加文字内容非常重要。本案例将介绍一下为安徽景点添加字幕的方法。

　　（1）将当前时间设置为 00:00:12:00，在【项目】面板中将"安徽 .png"素材文件拖曳至 V11 视频轨道中，将其开始处与时间线对齐，在【效果】面板中搜索【交叉缩放】过渡效果，按住鼠标左键将其拖曳至"安徽 .png"素材文件的开始处，如图 15-82 所示。

　　（2）选中 V11 视频轨道中的素材文件，在【效果】面板中搜索【投影】视频效果，双击该效果，为选中的素材文件添加该效果。在【效果控件】面板中将【位置】设置为 600、185，【缩放】设置为 17，将【不透明度】下的【混合模式】设置为【叠加】，将【投影】下的【阴影颜色】设置为 #004379，将【不透明度】【方向】【距离】【柔和度】分别设置为 50%、135°、47、0，选中【仅阴影】复选框，如图 15-83 所示。

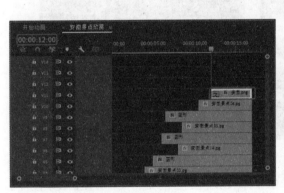

图 15-82

图 15-83

　　（3）将当前时间设置为 00:00:12:00，在【项目】面板中将"安徽 .png"素材文件拖曳至 V12 视频轨道中，将其开始处与时间线对齐，在【效果】面板中搜索【交叉缩放】过渡效果，按住鼠标左键将其拖曳至 V12 视频轨道中"安徽 .png"素材文件的开始处，如图 15-84 所示。

　　（4）选中 V12 视频轨道中的素材文件，在【效果控件】面板中将【位置】设置为 600、185，将【缩放】设置为 17，如图 15-85 所示。

　　（5）使用【矩形工具】绘制矩形，选中【填充】复选框，将【颜色】设置为 #E5E5E5，选中【描边】复选框，将颜色设置为 #FFD800，【描边宽度】设置为 3，将【变换】下的【不透明度】设置为 53%，如图 15-86 所示。

　　（6）将当前时间设置为 00:00:13:12，将透明矩形图形拖曳至 V13 视频轨道中，将其开始处与时间线对齐，将【持续时间】设置为 00:00:03:13，在【效果】面板中搜索【百叶窗】过渡效果，按住鼠标左键将其拖曳至 V13 视频轨道中透明矩形图形的开始处，如图 15-87所示。

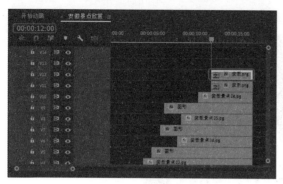

图 15-84

图 15-85

图 15-86

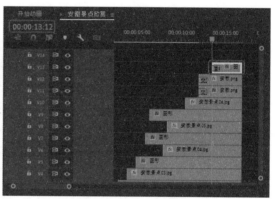

图 15-87

（7）选中透明矩形图形开始处的过渡效果，在【效果控件】面板中单击【自西向东】按钮，如图 15-88 所示。

（8）使用【文字工具】输入文字，将【字体】设置为【微软雅黑】，【字体大小】设置为 20，单击【居中对齐文本】按钮，将【行距】设置为 12，将【填充】下的【颜色】设置为 # 261F00，如图 15-89 所示。

图 15-88

图 15-89

（9）将当前时间设置为 00:00:15:00，将文本拖曳至 V14 视频轨道中，将其开始处与时间线对齐，将【持续时间】设置为 00:00:02:00，在【效果】面板中搜索【内滑】过渡效果，按住鼠标左键将其拖曳至 V14 视频轨道中文本的开始处，如图 15-90 所示。

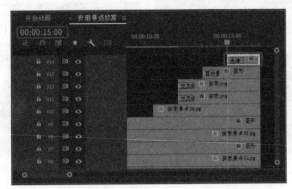

图 15-90

案例精讲 144　**制作天津景点欣赏动画**

本案例将介绍如何制作景点欣赏动画，在制作景点欣赏动画时，不仅需要构思景点欣赏的动画效果，还需要考虑怎样在动画中将景点完美地展示出来。

（1）新建一个【序列名称】为【天津景点欣赏】的 DV-PAL |【标准 48KHZ】序列，在菜单栏中选择【序列】|【添加轨道】命令，弹出【添加轨道】对话框，在该对话框中添加 6 条视频轨，0 条音频轨，单击【确定】按钮。确认当前时间为 00:00:00:00，在【项目】面板中将"天津景点 01.jpg"素材文件拖曳至【V1】视频轨道中，将其开始处与时间线对齐，如图 15-91 所示。

（2）选中 V1 视频轨道中的素材文件，在【效果控件】面板中将【缩放】设置为 68，如图 15-92 所示。

图 15-91

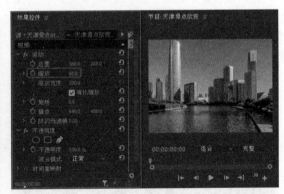

图 15-92

（3）在【效果】面板中搜索并选中【色彩】视频效果，将其拖曳至 V1 视频轨道中"天津景点 01.jpg"素材文件上，为素材文件添加该效果，然后在【效果控件】面板中单击【着色量】左侧的【切换动画】按钮，添加一个关键帧，如图 15-93 所示。

> 提示：
> 【色彩】：该特效可以修改对象的颜色信息，通过设置【颜色块】，将黑色或白色映射到设置的颜色块上。

（4）将当前时间设置为 00:00:01:12，在【效果控件】面板中将【着色量】设置为 0，如图 15-94 所示。

图 15-93

图 15-94

（5）将当前时间设置为 00:00:00:00，在【项目】面板中将"天津景点 01.jpg"素材文件拖曳至 V2 视频轨道中，将其开始处与时间线对齐，如图 15-95 所示。

（6）在【效果】面板中搜索并选中【裁剪】视频效果，按住鼠标左键将其添加至 V2 视频轨道中的素材文件上，选中 V2 视频轨道中的素材文件，在【效果控件】面板中将【缩放】设置为 68，将【裁剪】下的【右侧】设置为 66%，如图 15-96 所示。

图 15-95

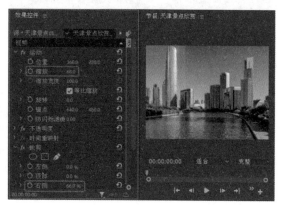

图 15-96

（7）将当前时间设置为 00:00:00:12，选中 V2 视频轨道中的素材文件，按住 Alt 键将其拖曳至 V3 视频轨道中，将其开始处与时间线对齐，如图 15-97 所示。

（8）选择 V3 视频轨道中的素材文件，在【效果控件】面板中将【裁剪】下的【左侧】设置为 65%，将【右侧】设置为 0，如图 15-98 所示。

（9）在【效果】面板中搜索并选中【百叶窗】过渡效果，按住鼠标左键将其拖曳至 V2 视频轨道中素材文件的开始处。使用同样的方法，在 V3 视频轨道中素材文件的开始处添加【百叶窗】过渡效果，如图 15-99 所示。

（10）将当前时间设置为 00:00:02:00，在【项目】面板中将"天津景点 02.jpg"素材文件拖曳至 V4 视频轨道中，将其开始处与时间线对齐，将【持续时间】设置为 00:00:01:00，选中该素材文件，在【效果控件】面板中将【缩放】设置为 79，如图 15-100 所示。

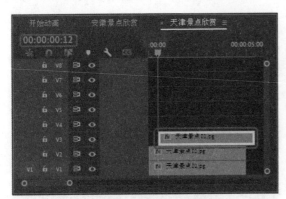

图 15-97

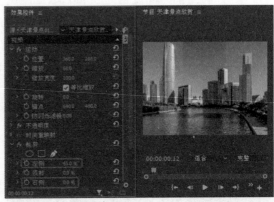

图 15-98

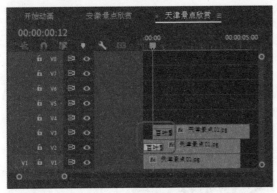

图 15-99

图 15-100

（11）将当前时间设置为 00:00:03:00，在【项目】面板中将"天津景点 03.jpg"素材文件拖曳至 V4 视频轨道中，将其开始处与时间线对齐，将【持续时间】设置为 00:00:01:00，选中该素材文件，然后在【效果控件】面板中将【缩放】设置为 50，如图 15-101 所示。

（12）将当前时间设置为 00:00:04:00，在【项目】面板中将"天津景点 04.jpg"素材文件拖曳至 V4 视频轨道中，将其开始处与时间线对齐，将【持续时间】设置为 00:00:02:00，选中该素材文件，在【效果控件】面板中将【缩放】设置为 88，如图 15-102 所示。

（13）将当前时间设置为 00:00:05:00，在【项目】面板中将"天津景点 05.jpg"素材文件拖曳至 V5 视频轨道中，将其开始处与时间线对齐，将【持续时间】设置为 00:00:03:00，然后在【效果控件】面板中单击【缩放】左侧的【切换动画】按钮🔴，即可添加一个关键帧，将【不透明度】设置为 0，单击【不透明度】左侧的【切换动画】按钮🔴，如图 15-103 所示。

（14）将当前时间设置为 00:00:06:00，在【效果控件】面板中将【缩放】设置为 45，将【不透明度】设置为 100%，如图 15-104 所示。

图 15-101

图 15-102

图 15-103

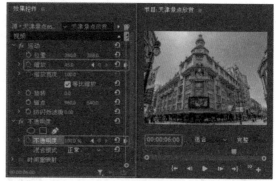

图 15-104

（15）将当前时间设置为00:00:08:00，在【项目】面板中将"天津景点06.jpg"素材文件拖曳至V5视频轨道中，将其开始处与时间线对齐，将【持续时间】设置为00:00:01:00，并选择该素材文件，在【效果控件】面板中将【缩放】设置为47，如图15-105所示。

（16）将当前时间设置为00:00:09:00，在【项目】面板中将"天津景点07.jpg"素材文件拖曳至V5视频轨道中，将其开始处与时间线对齐，将【持续时间】设置为00:00:01:00，选择该素材文件，在【效果控件】面板中将【缩放】设置为45，如图15-106所示。

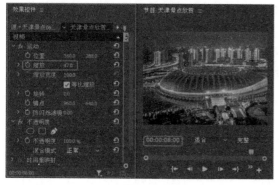

图 15-105

图 15-106

为天津景点添加字幕

制作完成天津景点欣赏动画后，本案例将介绍一下为景点添加字幕的方法。

（1）将当前时间设置为00:00:06:12，在【项目】面板中将"天津.png"素材文件拖曳至V6视频轨道中，将其开始处与时间线对齐，将【持续时间】设置为00:00:03:13，在【效果】面板中搜索【带状内滑】过渡效果，按住鼠标左键将其拖曳至"天津.png"素材文件的开始处，如图15-107所示。

（2）选中V6视频轨道中的素材文件，在【效果】面板中搜索【投影】视频效果，双击该效果，为选中的素材文件添加该效果。在【效果控件】面板中将【位置】设置为123、141，【缩放】设置为17，将【不透明度】下的【混合模式】设置为【叠加】，将【投影】下的【阴影颜色】设置为#004379，将【不透明度】【方向】【距离】【柔和度】分别设置为50%、135°、47、0，选中【仅阴影】复选框，如图15-108所示。

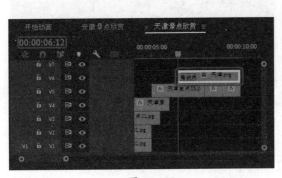

图 15-107

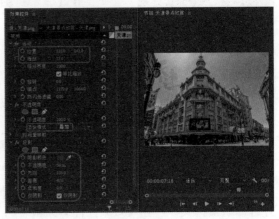

图 15-108

（3）将当前时间设置为00:00:06:12，在【项目】面板中将"天津.png"素材文件拖曳至V7视频轨道中，将其开始处与时间线对齐，将【持续时间】设置为00:00:03:13。在【效果】面板中搜索【带状内滑】过渡效果，按住鼠标左键将其拖曳至V7视频轨道中【天津.png】素材文件的开始处。选中V7视频轨道中的素材文件，在【效果控件】面板中将【位置】设置为123、141，【缩放】设置为17，如图15-109所示。

（4）使用【矩形工具】绘制矩形，选中【填充】复选框，将【颜色】设置为#E5E5E5，选中【描边】复选框，将颜色设置为#A3000C，【描边宽度】设置为3，将【变换】下的【不透明度】设置为53%，如图15-110所示。

（5）将当前时间设置为00:00:06:12，将透明矩形图形拖曳至V8视频轨道中，将其开始处与时间线对齐，将【持续时间】设置为00:00:03:13。在【效果】面板中搜索【带状内滑】过渡效果，按住鼠标左键将其拖曳至V8视频轨道中透明矩形图形的开始处，如图15-111所示。

（6）使用【文字工具】输入文字，将【字体】设置为【微软雅黑】，【字体大小】设置为20，【行距】设置为16，单击【左对齐】按钮█，将【填充】下的【颜色】设置为＃A3000C，如图15-112所示。

图 15-109

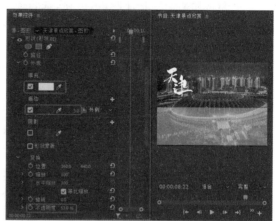

图 15-110

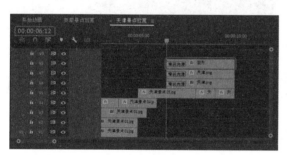

图 15-111

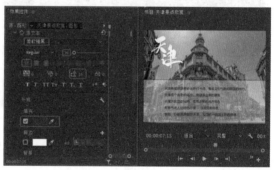

图 15-112

（7）将当前时间设置为00:00:08:00，将文本拖曳至V9视频轨道中，将其开始处与时间线对齐，将其【持续时间】设置为00:00:02:00，如图15-113所示。

（8）在【效果】面板中搜索【交叉溶解】过渡效果，按住鼠标将其拖曳至V9视频轨道中文本的开始处，效果如图15-114所示。

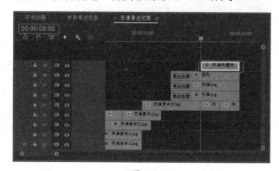

图 15-113

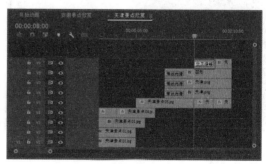

图 15-114

案例精讲 146　　制作西藏景点欣赏动画

下面将介绍如何制作西藏景点欣赏动画，操作步骤如下。

（1）新建一个【序列名称】为西藏景点欣赏的 DV-PAL|【标准 48kHz】序列，并将视频轨道设置为 8。确认当前时间为 00:00:00:00，在【项目】面板中分别将"西藏景点 02.jpg"素材文件和"西藏景点 01.jpg"素材文件分别拖曳至 V1 视频轨道中和 V2 视频轨道中，将其开始处与时间线对齐，如图 15-115 所示。

（2）选择 V2 视频轨道中的素材文件，然后将当前时间设置为 00:00:00:12，在【效果控件】面板中将【位置】设置为 326、288，【缩放】设置为 49，单击【缩放】左侧的【切换动画】按钮 ，单击【不透明度】左侧的【切换动画】按钮 ，添加关键帧，如图 15-116 所示。

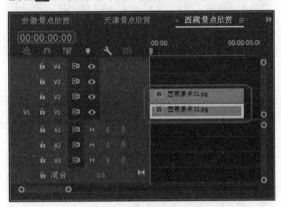
图 15-115

图 15-116

（3）将当前时间设置为 00:00:01:12，在【效果控件】面板中将【缩放】设置为 40，将【不透明度】设置为 0，如图 15-117 所示。

（4）选择 V1 视频轨道中的素材文件，在【效果控件】面板中将【缩放】设置为 40，如图 15-118 所示。

图 15-117

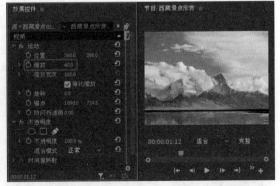
图 15-118

（5）将当前时间设置为 00:00:02:00，在【项目】面板中将"西藏景点 03.jpg"素材文件拖曳至 V3 视频轨道中，将其开始处与时间线对齐，将【持续时间】设置为 00:00:09:12，然后在【效果控件】面板中单击【缩放】左侧的【切换动画】按钮■，添加一个关键帧，将【不透明度】设置为 0，单击【不透明度】左侧的【切换动画】按钮■，如图 15-119 所示。

（6）将当前时间设置为 00:00:03:00，在【效果控件】面板中将【缩放】设置为 40，将【不透明度】设置为 100，如图 15-120 所示。

图 15-119　　　　　　　　　　　　　　　　　图 15-120

（7）将当前时间设置为 00:00:03:12，在【项目】面板中将"西藏景点 04.jpg"素材文件拖曳至 V4 视频轨道中，将其开始处与时间线对齐，将其持续时间设置为 00:00:02:00，然后在【效果控件】面板中单击【缩放】左侧的【切换动画】按钮■，添加一个关键帧，将【不透明度】设置为 0，单击【不透明度】左侧的【切换动画】按钮■，如图 15-121 所示。

（8）将当前时间设置为 00:00:04:12，在【效果控件】面板中将【缩放】设置为 40，将【不透明度】设置为 100%，如图 15-122 所示。

图 15-121　　　　　　　　　　　　　　　　　图 15-122

（9）将当前时间设置为 00:00:05:12，在【项目】面板中将"西藏景点 01.jpg"素材文件拖曳至 V4 视频轨道中，将其开始处与时间线对齐，将【持续时间】设置为 00:00:06:00，然后在【效果控件】面板中将【缩放】设置为 40，如图 15-123 所示。

（10）在 V4 视频轨道中"西藏景点 04.jpg"素材文件和"西藏景点 01.jpg"素材文件之间添加【风车】过渡效果，如图 15-124 所示。

图 15-123

图 15-124

••••••••
案例精讲 147 　**为西藏景点添加字幕**

制作完成景点欣赏动画后，本案例将介绍一下为景点添加字幕的方法。

（1）将当前时间设置为 00:00:06:12，在【项目】面板中将"西藏 .png"素材文件拖曳至 V5 视频轨道中，将其开始处与时间线对齐。选中 V5 视频轨道中的素材文件，在【效果】面板中搜索【投影】视频效果，双击该效果，为选中的素材文件添加该效果。在【效果控件】面板中将【位置】设置为 381、326，将【缩放】设置为 0，单击【缩放】与【旋转】左侧的【切换动画】按钮■，添加关键帧，将【锚点】设置为 5、2110，将【不透明度】下的【混合模式】设置为【叠加】，将【投影】下的【阴影颜色】设置为 # 004379，将【不透明度】【方向】【距离】【柔和度】分别设置为 50%、135°、47、0，选中【仅阴影】复选框，如图 15-125 所示。

（2）将当前时间设置为 00:00:08:00，在【效果控件】面板中将【缩放】与【旋转】分别设置为 17、720，如图 15-126 所示。

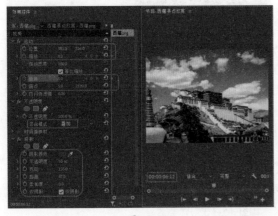

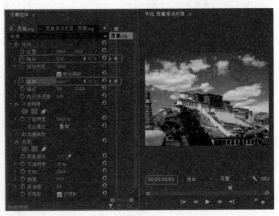

图 15-125

图 15-126

（3）将当前时间设置为 00:00:06:12，选中 V5 视频轨道中的"西藏 .png"素材文件，按住 Alt 键将其拖曳至 V6 视频轨道中，将其开始处与时间线对齐，如图 15-127 所示。

（4）选中 V6 视频轨道中的素材文件，将【不透明度】下的【混合模式】设置为【正常】，并选中【投影】视频效果，按 Delete 键将其删除，效果如图 15-128 所示。

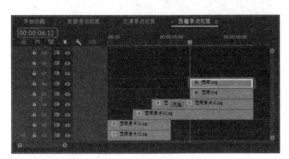

图 15-127

图 15-128

（5）使用【矩形工具】绘制矩形，选中【填充】复选框，将【颜色】设置为 #E5E5E5，选中【描边】复选框，将颜色设置为 #FFFE00，【描边宽度】设置为 3，将【变换】下的【不透明度】设置为 53%，如图 15-129 所示。

（6）将当前时间设置为 00:00:08:00，将透明矩形图形拖曳至 V7 视频轨道中，将其开始处与时间线对齐，将【持续时间】设置为 00:00:03:12，在【效果】面板中搜索【百叶窗】视频效果，双击该效果，为透明矩形图形添加该效果。在【效果控件】面板中将【过渡完成】设置为 100%，单击其左侧的【切换动画】按钮，将【宽度】设置为 20，如图 15-130 所示。

图 15-129

图 15-130

（7）将当前时间设置为 00:00:09:00，在【效果控件】面板中将【过渡完成】设置为 0，如图 15-131 所示。

（8）使用【文字工具】输入文字，将【字体】设置为【微软雅黑】，【字体大小】设置为 20，【行距】设置为 16，单击【居中对齐】按钮，将【填充】下的【颜色】设置为 #222800，如图 15-132 所示。

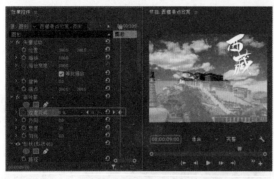

图 15-131   图 15-132

（9）将当前时间设置为 00:00:09:12，将文本拖曳至 V8 视频轨道中，将其开始处与时间线对齐，将【持续时间】设置为 00:00:02:00。选中 V8 视频轨道中的文本，在【效果控件】面板中将【缩放】设置为 0，单击【缩放】与【旋转】左侧的【切换动画】按钮 ◉，添加关键帧，如图 15-133 所示。

（10）将当前时间设置为 00:00:10:12，在【效果控件】面板中将【缩放】【旋转】分别设置为 100、1×0.0°，如图 15-134 所示。

图 15-133   图 15-134

案例精讲 148   制作旅游宣传最终动画

制作完成开始动画序列及每个景区展示序列后，需要将它们嵌套在一个新的序列中，才能组成完整的动画效果。本案例将介绍一下嵌套序列的方法。

（1）新建一个【序列名称】为"旅游宣传片"的 DV-PAL |【标准 48kHz】序列，确认当前时间为 00:00:00:00，在【项目】面板中将【开场动画】序列拖曳至 V1 视频轨道中，将其开始处与时间线对齐，如图 15-135 所示。

（2）在【开始动画】序列上单击鼠标右键，在弹出的快捷菜单中选择【取消链接】命令，如图 15-136 所示。

（3）选择 A1 音频轨道中的【开场动画】序列，按 Delete 键将其删除，如图 15-137 所示。

（4）使用同样的方法，将其他序列添加至 V1 视频轨道中，并将音频文件删除，如图 15-138 所示。

图 15-135

图 15-136

图 15-137

图 15-138

案例精讲149　添加背景音乐

下面将讲解如何为城市宣传片添加背景音乐，具体操作如下。

（1）将当前时间设置为 00:00:00:00，在【项目】面板中将"背景音乐 .wav"音频文件拖曳至 A1 音频轨道中，将其开始处与时间线对齐。选中添加的音频文件，将当前时间设置为 00:00:50:01，使用【剃刀工具】在时间线位置处单击鼠标，对音频进行裁剪，如图 15-139 所示。

（2）将时间线右侧的音频文件删除，选中剩余的音频文件，将当前时间设置为 00:00:48:15，在【效果控件】面板中单击【级别】右侧的【添加 / 移除关键帧】按钮 ，添加一个关键帧，然后将当前时间设置为 00:00:50:01，在【效果控件】面板中将【级别】设置为 -60dB，如图 15-140 所示。

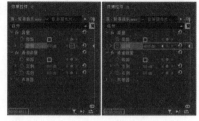

图 15-139   图 15-140

案例精讲 150　导出影片

视频动画制作完成后，需要对动画进行输出，用户可以根据需要保存为自己需要的格式。

（1）在菜单栏中选择【文件】|【导出】|【媒体】命令，单击【位置】右侧的蓝色文字，如图 15-141 所示。

（2）弹出【另存为】对话框，设置保存路径，将【文件名】设置为"城市宣传片"，【保存类型】设置为"视频文件（*.mp4）"，单击【保存】按钮，如图 15-142 所示。

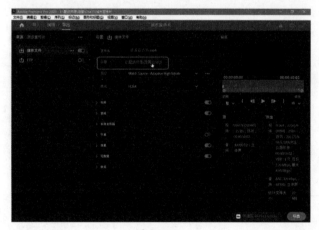

图 15-141   图 15-142

（3）单击【导出】按钮，在弹出的对话框中可以观察到渲染进度，进行等待即可，如图 15-143 所示。

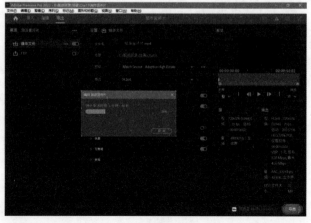

图 15-143

常用快捷键

工具		
V 选择工具	A 向前选择轨道工具	Shift+A 向后选择轨道工具
B 波纹编辑工具	N 滚动编辑工具	R 比率拉伸工具
C 剃刀工具	Y 外滑工具	U 内滑工具
P 钢笔工具	H 手形工具	Z 缩放工具
T 文字工具		

文件		
Ctrl + Alt + N 新建项目	Ctrl + O 打开项目	Ctrl + Shift + W 关闭项目
Ctrl + W 关闭面板	Ctrl + S 保存	Ctrl + Shift + S 另存为
F5 捕捉	F6 批量捕捉	Ctrl + I 导入
Ctrl + M 导出媒体	Ctrl + Q 退出	Ctrl + / 新建文件夹

编辑		
Ctrl + Z 撤销	Ctrl + X 剪切	Ctrl + C 复制
Ctrl + V 粘贴	Ctrl + Shift + V 粘贴插入	Ctrl + Alt + V 粘贴属性
Ctrl + A 全选	Ctrl + Shift + A 取消全选	Ctrl + Shift + / 重复
Delete 清除	Ctrl+G 编组	Ctrl + Shift + G 取消编组
Ctrl + F 查找	Shift + T 修剪编辑	Ctrl + K 添加编辑
Ctrl + E 编辑原始资源	Ctrl + PageDown 项目窗口 放大查看图标	Ctrl + PageUp 项目窗口 列表查看图标
Cul + ` 切换全屏	Shift + F 在项目窗口查找	Ctrl + E 编辑原始
Ctrl + PageUp 项目窗口 列表查看图标	Ctrl + PageDown 项目窗口 放大查看图标	Shift + F 在项目窗口查找

Ctrl + R 速度 / 持续时间	Ctrl + B 新建素材箱（项目面板）	Shift + G 音频声道
Shift + E 启用 / 停用	Ctrl + L 链接 / 取消链接	Ctrl + U 制作子剪辑
Alt + Shift + 0 重置当前工作区		
标记		
I 标记入点	O 标记出点	M 添加标记
X 标记剪辑	/ 标记选择项	Shift + I 转到入点
Shift + O 转到出点	Ctrl + Shift + I 清除入点	Ctrl + Shift + Q 清除出点
Ctrl + Shift + X 清除入点和出点	Shift + M 转到下一个标记	Ctrl + Shift + M 转到上一个标记
Ctrl + Alt + M 清除当前标记	Ctrl + Alt + Shift + M 清除所有标记	
字幕		
Ctrl + T 新建字幕	Ctrl + Shift + L 左对齐	Ctrl + Shift + C 居中
Ctrl + Shift + R 右对齐	Ctrl + Shift + T 制表符设置	Ctrl + J 模板
Ctrl + Alt +] 上层的下一 个对象	Ctrl + Alt + [下层的下一个对象	Ctrl + Shift +] 移到最前
Ctrl + Shift + [移到最后	Ctrl +] 前移	Ctrl + [后移
窗口		
Shift + 1 项目	Shift + 2 源监视器	Shift + 3 时间轴
Shift + 4 节目监视器	Shift + 5 特效控制台	Shift + 6 调音台
Shift + 7 效果	Shift + 8 媒体预览